Kakteen

& andere Sukkulenten

Kultur, Pflege, Vermehrung

Terry Hewitt

Dorling Kindersley

EIN DORLING KINDERSLEY BUCH

Projektbetreuung
Annelise Evans

Bildbetreuung
Jo Grey

Beratung
Blanche Sibbald

Redaktion
Rosie Pearson

Bildredaktion
Tracy Timson

Cheflektorat
Daphne Razazan

Chefbildlektorat
Carole Ash

Herstellung
Rosalind Priestley

Fotografie
Peter Anderson

Bibliografische Information Der Deutschen Bibliothek
Die Deutsche Bibliothek verzeichnet diese Publikation in der Deutschen Nationalbibliografie; detaillierte bibliografische Daten sind im Internet über http://dnb.ddb.de abrufbar.

Titel der englischen Originalausgabe:
The Complete Book of Cacti & Succulents

Übersetzung Klaus Sticker
Redaktion und Satz Verlagsservice Monika Rohde, Bonn

3-8310-0619-9

Printed and bound in China by L.Rex

Besuchen Sie uns im Internet
www.dk.com

INHALT

EINLEITUNG

ANATOMIE UND ENTDECKUNG

KAKTEEN HABEN STIL

PFLANZENKATALOG

Detaillierte Angaben zu Größe, Form, Blüten und Ansprüchen in Kultur mit vielen Fotos

PFLEGE UND KULTUR

Einleitung

Die meisten Menschen verbinden mit Kakteen und Sukkulenten Großmutters Geldbaum (der trotz ihrer Fürsorge bis auf den heutigen Tag überlebt hat) und die Säulenkakteen in Westernfilmen. In Holly Gate, meiner Gärtnerei, bereitet mir die Verblüffung der Uneingeweihten angesichts eines so stattlichen Angebots wie dem der Kakteen und Sukkulenten stets großes Vergnügen. Gerade blühend versetzen sie den Besucher unweigerlich in Erstaunen und lassen ihn auf der Stelle zum Liebhaber der stacheligen Spezies werden.

Manche Pflanzen bringen bei winzigem Durchmesser so große Blüten hervor, daß sie davon völlig verdeckt werden, andere sind hoch aufragende Säulen oder mächtige Kugeln, wieder andere haben blattartige Triebe. Knorrige alte Stämme, »lebende Steine«, farbenprächtige Rosetten oder leuchtende Blüten – all dies fasziniert den Neuling. Das Spektrum ist so breit, daß jeder Pflanzenliebhaber Interesse für zumindest eine Gruppe entwickelt.

Viele Kakteen und Sukkulenten sind relativ robust und leichter zu ziehen als man denkt. Es sind ideale Pflanzen für Anfänger, und sie gedeihen als Topfpflanzen drinnen ebenso gut wie im Wintergarten oder Gewächshaus. In wärmeren Breiten sind sie ein Blickfang des Gartens. Mit diesem Buch hoffe ich, die Freude an diesen Pflanzen mit Ihnen teilen zu können. Die Informationen im Text, veranschaulicht durch viele Farbfotos, sollten sowohl dem Anfänger wie dem Fortgeschrittenen von Nutzen sein.

Ich hatte das Glück und die Möglichkeit, mein Hobby zu meinem Beruf machen zu können – und der ist immer noch mein Hobby. Im Laufe der Jahre habe ich viele, meist begeisterte, freundliche und großzügige Kakteensammler aus allen Teilen der Welt kennengelernt. Die meisten lieben Fachsimpeleien und teilen ihr Wissen gern mit. Da diese Leidenschaft ansteckend ist, habe ich viele Freunde in der ganzen Welt gefunden.

Meiner Meinung nach können sich nur Besitzer von rund zwanzig Pflanzen für »Experten« halten. Sind es dann ein paar Arten mehr, dann erkennt man, daß man längst nicht so viel weiß, wie man sich eingebildet hatte. Wird die Sammlung größer, wird klar, daß es auf diesem Gebiet noch etliches zu lernen gibt. Und wer eine große Sammlung zusammengetragen hat, erkennt, daß Pflanzen ganz wie Menschen nicht immer den Regeln folgen, die für sie aufgestellt wurden.

Wildlebende Pflanzen sind nicht leicht zu klassifizieren, daher wurde für sie ein universelles System botanischer Namen entwickelt. Da es sich um enorm anpassungsfähige Pflanzen handelt, die oft und gern Hybridformen bilden, können sie, auch abhängig von den örtlichen Gegebenheiten in der Natur, beträchtlich im Aussehen schwanken. Pflanzen verschiedener Gruppen können sich im selben Lebensraum im Erscheinungsbild stark annähern (konvergieren), andererseits können Pflanzen derselben Art in verschiedenen Regionen soweit divergieren, daß sie dem Aussehen nach völlig verschiedenen Gruppen anzugehören scheinen.

Verschiedene Botaniker heben bei der Klassifizierung zudem unterschiedliche Pflanzenmerkmale hervor, was häufig zur Verwirrung beiträgt, wenn es um die Identifizierung einer bestimmten Spezies geht. Noch bis vor kurzem beruhte die Klassifizierung der Kakteen auf einem alten System, das regelmäßig aktualisiert wurde, wobei bestimmte Pflanzenarten zunächst unter demselben Namen zusammengefaßt und dann von anderen Botanikern wieder ausdifferenziert wurden.

Auch die landläufigen Namen stiften Verwirrung, da sie oft falsch oder mehrfach angewendet werden. So werden viele Sukkulenten der Gattung *Agave* als Aloe bezeichnet, obwohl sie sich botanisch von der Gattung *Aloe* unterscheiden; *Crassula aborescens* ist als Pfennigbaum, *Crassula ovata* als Geldbaum bekannt.

Dem Anfänger bedeutet eine präzise Nomenklatur wenig, doch muß der Fortgeschrittene, um seine Pflanzen gezielt aussuchen zu können, in der Lage sein, genau zwischen den Pflanzen zu unterscheiden.

Aus Gründen der Einfachheit habe ich mich für alle Pflanzennamen in diesem Buch an zwei bedeutende Autoritäten gehalten. Das »Übereinkommen über den internationalen Handel mit gefährdeten Arten der freilebenden Tier- und Pflanzenwelt« (CITES) hat vor einiger Zeit die Veröffentlichung der CITES

Cactaceae Checklist gefördert (zusammengestellt von David Hunt, Royal Botanic Gardens, Kew, 1992); so wurde die Zahl der Kakteenarten von mehr als 6000 auf wenig mehr als 3500 reduziert. Bei den Sukkulenten habe ich mich an der Klassifikation von Hermann Jacobsen (*Lexicon of Succulent Plants*, Blandford Press, 1974) orientiert. Ferner habe ich in das Register ältere Pflanzennamen aufgenommen. Sie werden durch Querverweise mit den aktuellen Namen im Pflanzenkatalog verknüpft.

Das Wichtigste aber sollte die Freude am Züchten sein. Hat man erst einmal ein paar Pflanzen gesammelt, bereitet es große Genugtuung, zum ersten Mal blühende Pflanzen entstehen zu sehen. Gruppen von Sämlingen können eine erstaunliche Vielfalt hervorbringen, so daß die Entscheidung, von welchen man sich beim Ausdünnen trennen soll, schwerfällt. Um ihren Fortbestand zu sichern, ist das Sammeln wildlebender Arten heute verboten. Viele dieser Arten sind zwar nicht durch das Sammeln gefährdet, aber es ist nicht nötig, den Bestand der Wildformen noch weiter zu schmälern. Je mehr Kakteen und Sukkulenten in Kultur gezüchtet werden, desto besser verstehen wir sie, und es verbessern sich die Aussichten der selteneren Arten.

Eine Warnung vorab: Wer einmal vom Virus des Kakteensammelns infiziert ist, hat keine Aussicht auf Heilung!

ANATOMIE UND ENTDECKUNG

Die Welt der Kakteen und Sukkulenten zu erkunden, setzt die Kenntnis ihrer außergewöhnlichen Anatomie voraus, die ihnen die unterschiedlichsten Lebensräume erschließt. Der Entdeckungsreise folgen Informationen über Eigenschaften und Verwendung der Pflanzen.

WAS SIND KAKTEEN UND SUKKULENTEN?

SUKKULENTEN, DARUNTER die Kakteen, besitzen eine spezialisierte Anatomie, die ihnen das Überleben auch bei Trockenheit ermöglicht. Sie alle können Feuchtigkeit im Gewebe speichern, und die meisten haben Merkmale entwickelt, die ihnen erlauben, die Verdunstung einzuschränken. Unter anhaltender Trockenheit können sie das Wachstum sogar ganz einstellen. Im bizarren Äußeren der Pflanzen drückt sich die Evolution aus, in der sich Funktion und Überleben miteinander verbanden. Kakteen sind von anderen Sukkulenten leicht durch ihre Areolen – dornentragenden Haarpolster – zu unterscheiden (siehe unten).

STAMMSUKKULENTEN

Diese Pflanzen speichern große Mengen Wasser im Grundgewebe ihrer meist kugeligen, säulenförmigen oder zylindrischen Hauptsprosse. Fast alle Kakteen sind Stammsukkulenten und blattlos, wodurch sie die Verdunstung reduzieren; es sind ihre Stämme, die das für die Photosynthese wichtige Chlorophyll enthalten.

Manche Urwaldkakteen sind Epiphyten, die auf anderen Pflanzen oder in Spalten wurzeln, wo es verrottendes Pflanzenmaterial gibt. Diese Stammsukkulenten brauchen im feuchten Urwalddunkel keine Flüssigkeit zu speichern. Durch die große Oberfläche ihrer abgeflachten Stämme können sie mehr Licht absorbieren.

GERIPPTER STAMM
Stammsukkulenten sind häufig gerippt, so daß sie sich entsprechend ihres Wasservorrats ausdehnen oder zusammenziehen können.

AREOLEN
Nur auf Kakteen entspringen auf kleinen Wölbungen (Areolen, oft nicht leicht zu erkennen) Dornen, Haare sowie Blüten.

KUGELIGE STAMMSUKKULENTEN
Die ideale Stammform ist die Kugel, da sie die im Verhältnis zum Volumen kleinstmögliche Oberfläche besitzt und so den Wasserverlust auf ein Minimum reduziert.

CAUDICIFORME SUKKULENTEN
Manche Sukkulenten, vor allem Bewohner rauher Lebensräume, besitzen rübenartig verdickte Wurzeln, die sich aus Stamm und Wurzel gebildet haben. Dies verleiht ihnen eine größere Speicherfähigkeit. Als caudiciforme Sukkulenten werden alle Sukkulenten mit verdickten Wurzeln oder Trieben über der Erde bezeichnet.

Wurzelsukkulenten

Einige Sukkulenten überstehen Trockenzeiten, indem sie Wasser in ihren knollenförmigen, verdickten Wurzeln speichern. Da die Wurzeln im Erdreich liegen, verläuft die Verdunstung relativ langsam; auch ist das Risiko der Schädigung durch grasende Tiere oder Buschfeuer geringer. Viele Wurzelsukkulenten sind immergrün; andere Arten werfen bei langer Dürre die oberirdischen Triebe ab und regenerieren sich aus den Wurzeln. Stämme und Blätter können dick und fleischig sein und erhöhen das Speichervermögen der Pflanze, so bei *Senecio coccineiflorus* (unten). Bei Wurzelsukkulenten wie *Brachystelma* läßt man die großen Knollen über der Erde, um Fäule vorzubeugen.

Hydrophile Wurzeln
Die meisten Kakteen und Sukkulenten leben an trockenen Standorten und sind darauf angewiesen, die kostbare Feuchtigkeit aus Tau oder seltenen Niederschlägen aufzunehmen, bevor sie verdunstet. Viele besitzen ein flaches, aber ausgedehntes Geflecht faseriger Wurzeln direkt unter der Erdoberfläche, um sich aus einem großen »Einzugsgebiet« zu versorgen. Wird der Boden feucht, bilden sie sofort neue Wurzelhaare zur Wasseraufnahme; Epiphytenstämme treiben bei Trockenheit Luftwurzeln.

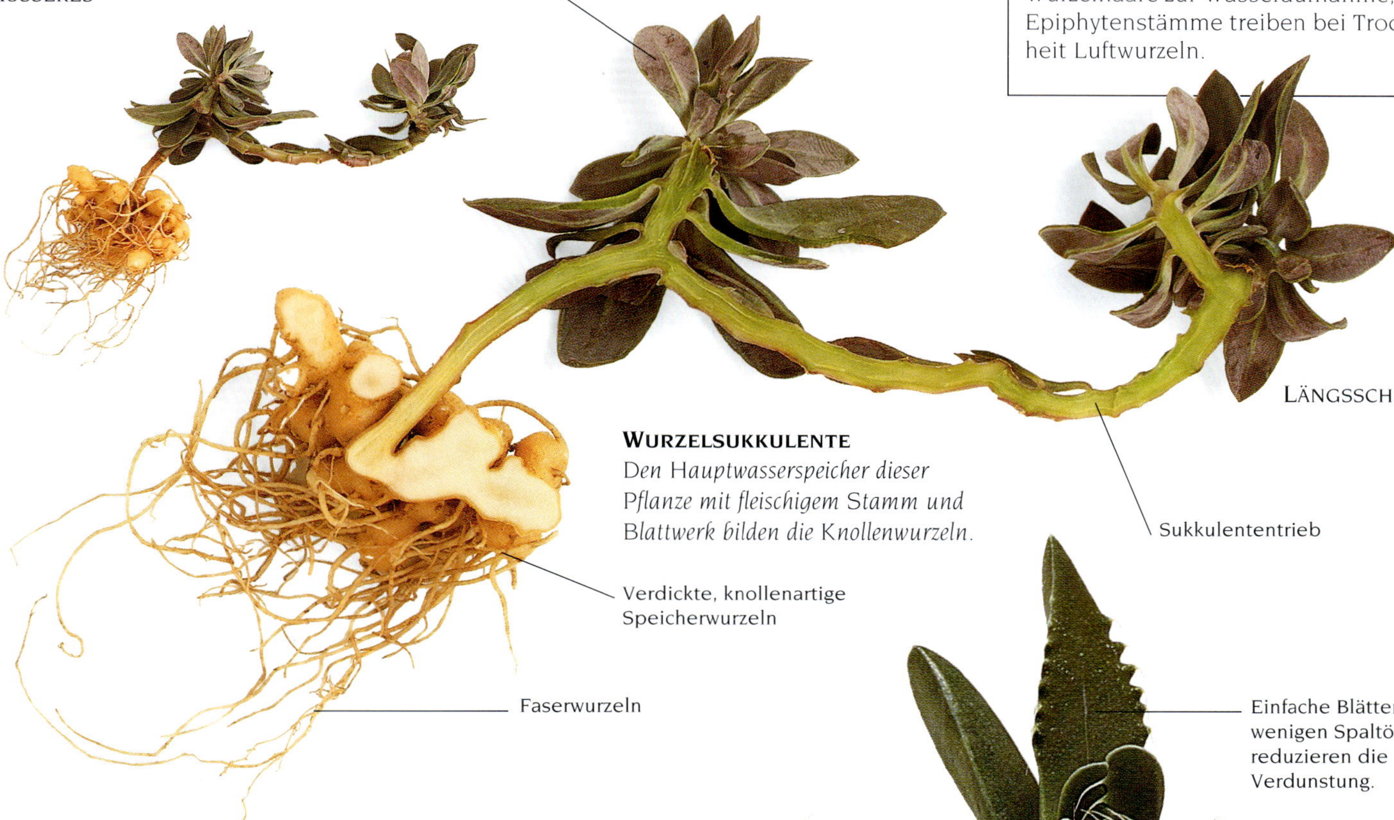

Wurzelsukkulente
Den Hauptwasserspeicher dieser Pflanze mit fleischigem Stamm und Blattwerk bilden die Knollenwurzeln.

Blattsukkulenten

Zu dieser großen Gruppe gehört der Kaktus *Pereskia* wie auch viele Sukkulenten; ihr Formenreichtum umfaßt *Senecio rowleyanus* mit kugeligen Blättern ebenso wie die zahlreichen *Haworthia* mit dolchartigen Blättern. Wasser speichern sie in dickfleischigen Blättern. Bei langer Dürre werden sie abgeworfen.

Manche Blattsukkulenten sehr trockener Standorte, darunter *Lithops*, bestehen aus kaum mehr als einem Paar miteinander verwachsener Blätter. Meist sind nur die Blattspitzen der im Erdreich verborgenen Pflanzen der Sonne ausgesetzt. Ihr an Steine erinnerndes Äußeres schützt sie vor Abweidung.

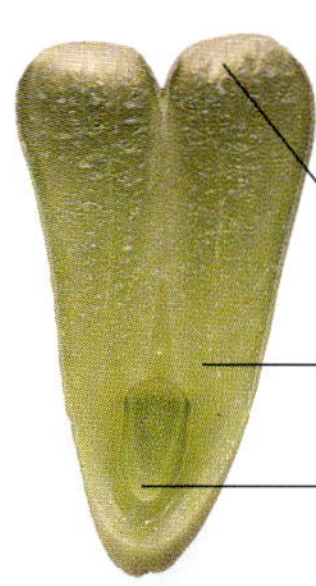

Spezialfenster
Durch das Fenster der Blattkuppe einfallende Strahlen werden im lichtdurchlässigen Gewebe gebrochen.

Blattsukkulente
Viele Blattsukkulenten haben keinen Stamm und bilden flache Rosetten überlappender Blätter aus, die die Verdunstung der Pflanze und des Bodens darunter reduzieren.

Oberflächen

Kakteen und Sukkulenten haben eine Vielfalt an Oberflächenstrukturen entwickelt. Sie sind Folge der Anpassung an verschiedene Lebensräume, erfüllen jedoch ähnliche Funktionen. So sind manche Arten, die große Höhen oder Nebelgebiete besiedeln, pelzig oder haarig, wodurch sie leichter Feuchtigkeit aus der Luft aufnehmen können. An trockenen Standorten filtert kräftig gefärbtes Blattwerk die stärkere Strahlung heraus. Sukkulentenblätter und Kakteenstämme haben nur wenige Spaltöffnungen und schränken dadurch die Verdunstung ein. Diese sind tagsüber geschlossen; sie öffnen sich nachts wieder, um das zur Photosynthese benötigte Kohlendioxid aufzunehmen.

Blatt mit pulvrigem Schimmer

Wachsartiges Blatt

Blatt mit Flaum

Glänzender Sproß

Blatt- und Stammtexturen
Blätter weisen Besonderheiten der Oberfläche auf, sind also z. B. ledrig, glänzend oder wächsern. Blätter mit dickem, wachsartigem Belag schimmern pulvrig. Er reduziert die Verdunstung und streut das Sonnenlicht. Feines Haar schützt vor extremer Hitze und Kälte. Die Sprosse anderer Arten sind eher borkig.

Borkiger Trieb

Stacheln & Dornen

Fast alle Kakteen und einige Sukkulenten besitzen Dornen, also umgeformte Blätter. Kakteendornen entsprießen den Areolen (s. S. 10) und sind leicht abzulösen, Sukkulentenstacheln aber wachsen unmittelbar aus dem Stammgewebe. Gestalt, Textur und Länge der Dornen sind höchst unterschiedlich, von kurz und borstig bis leicht gebogen aber mit Widerhaken. Sie können weiß, rot, gelb oder auch schwarz gefärbt sein. Dornen dienen der Abwehr, vor allem aber fördern sie die Kondensierung: Von ihnen tropft Wasser aufs Erdreich über den Wurzeln. Wollige, haarähnliche Stachelkleider schützen ferner vor Kälte oder zu starker Sonne. Manche Sukkulenten besitzen Dornen, die umgewandelte Blüten, Blattstiele oder Knospen sind.

Pseudocephalium
Diese wollige Behaarung wächst nur auf einer Stammseite. Nur Melocactus *(kleines Bild) und* Discocactus *tragen ein echtes Cephalium.*

Nadeln
Viele Kakteen, vor allem Kugelformen wie Parodia, *haben dünne, gerade, spitze Dornen, die oft auffallend gefärbt sind.*

Stacheln wie Angelhaken
Viele zylindrische Kakteen haben gebogene, spitze Stacheln, die rot oder gelb sind.

Gezähnte Blattränder
Die »Zähne« und Endstacheln der Sukkulentenrosetten sind Auswüchse der Blattränder.

Stacheln
Manche Sukkulenten wie Huernia *entwickeln ihre Stacheln direkt aus dem Stammgewebe.*

Blüten

An sehr trockenen Standorten, wo lange Hitze die meiste Zeit des Jahres eine Ruhephase erzwingt, ist die Vegetationszeit vieler Kakteen und Sukkulenten nur kurz. Bei Niederschlägen »explodieren« sie und treiben Blätter, Blüten und Samen in weniger als einem Monat. Kakteenblüten haben vielfältige Formen entwickelt, um eine Bestäubung zu ermöglichen. Die meisten Wüstenkakteen blühen tagsüber und bringen leuchtend gefärbte, duftlose Blüten hervor, die Fluginsekten anziehen. Die Blüten vieler Urwaldkakteen öffnen sich erst in der Dämmerung; sie sind hell und duften stark, so daß sie leicht von Faltern bestäubt werden können. Dagegen verströmen die fleischigen Blüten mancher nachtblühenden Arten einen üblen Geruch, der Fledermäuse anlockt. Andere haben Trichterblüten, die nur den langen Schnäbeln der Kolibris zugänglich sind. Manche Sukkulenten besitzen winzige Blüten, die von blütenblattähnlichen Tragblättern umgeben sind.

Früchte und Samen

Nach der Bestäubung welkt die Blüte, und der Fruchtknoten entwickelt sich. Viele Kakteen bringen fleischige Früchte oder Beeren hervor. Sukkulentensamen und -früchte sind vielgestaltig und werden von Wasser, Wind, Insekten, Vögeln oder Nagetieren verbreitet. Die Samen von *Mesembryanthemum* sind von Kapseln umschlossen, die sich bei Regen öffnen, damit ihr Inhalt ausgespült wird und keimen kann. Bei Trockenheit schließen sie sich bis zum nächsten Regen.

Kaktusblüte

Die oft trichterförmigen Kakteenblüten entspringen unmittelbar dem Sproß. Manche sitzen auf langer Röhre, die borstig oder schuppig, auch von zahlreichen Kelchblättern derselben Farbe wie die Kronblätter bedeckt sein kann. Kelch- und Kronblätter – die gleich aussehen können (siehe oben) – werden als Blütenhüllblätter zusammengefaßt.

Sukkulente Blüte

Die große, fleischige Stapelia-Blüte hält sich mehrere Tage, so daß sich die Wahrscheinlichkeit, bestäubt zu werden, erhöht.

Fleischige Frucht

Vögel und Tiere, die fleischige Kakteenfeigen und Beerenfrüchte verzehren, verbreiten die Samen mit ihrem Kot.

Trockene Samen

Manche trockenen Samenkapseln schleudern ihren Inhalt heraus, andere Samen besitzen zur Verbreitung zarte »Fallschirme«, an denen sie fortgetrieben werden.

NATÜRLICHE LEBENSRÄUME

ENTGEGEN DER LANDLÄUFIGEN ANSICHT besiedeln Kakteen und Sukkulenten nicht nur Wüsten, sondern sind in verschiedenen Lebensräumen heimisch, von schneebedeckten Bergen über trockenes Grasland bis zum Regenwald des Amazonasbeckens. Oft gedeihen sie in lebensfeindlicher Umgebung; ihr Erfolg ist teils bedingt durch die fehlende Konkurrenz weniger robuster Pflanzen. Ihre Lebensräume verraten viel über ihre Entwicklung und ihre Ansprüche.

WÜSTEN

An trockenen Standorten sind Kakteen und Sukkulenten die unumschränkten Herrscher – sie überleben extreme Temperaturschwankungen zwischen sengender Hitze und frostigen Nächten. Aber nur wenige Arten können jahrelang ohne Wasser und in echten Trockenwüsten mit weniger als 25 cm Niederschlag im Jahr überleben; die meisten besiedeln Halbwüsten, wo Dürreperioden von vereinzelten Regenfällen unterbrochen werden. Die Böden dort sind arm, besitzen kaum Bewuchs und sind eher felsig als sandig. Die Niederschlagsmenge wird manchmal durch Tau oder Küstennebel vergrößert.

Kakteen und Sukkulenten können ökologische Nischen besiedeln oder Kolonien bilden (rechts). Auf trockenen Hochebenen und Plateaus gedeihen Pflanzen wie HAWORTHIA im Schatten von Gräsern und Büschen und überstehen sogar Buschbrände.

Wüstenkakteen und -sukkulenten können Wasser speichern und Dürren überleben, indem sie ihr Wachstum vorübergehend einstellen. In Kultur läßt sich dieses Muster durch Anpassen (bzw. Aussetzen) des Wässerns an die Ruhe- und Vegetationszeit nachvollziehen.

BLÜHENDE WÜSTE, oben
Ein seltener Regenguß läßt explosionsartiges Wachstum einsetzen: Sukkulente Pflanzen blühen plötzlich und setzen Samen an, bevor sie erneut ihre Entwicklung nahezu ruhen lassen.

TROCKENGEBIET, rechts
Auf der wüstenhaften mexikanischen Halbinsel Baja California überragen Pachycereus *niedrige Sukkulenten und Buschwerk. In den dicken Säulenstämmen speichern sie genügend Wasser, um auch lange Dürren zu überstehen.*

SCHNEE-SEGEN, unten
Schnee und Kakteen, ein seltener Anblick: Die weiße Pracht schützt die Pflanzen vor nächtlicher Kälte, nach der Schmelze liefert sie Wasser.

Gebirgswüsten

Im Gebirge, ebenso auf Hochebenen, Geröllfeldern und Berghängen ist der Boden oft nur dünn, speichert kaum Wasser und hat einen hohen Mineralgehalt, der nichtsukkulenten Pflanzen schaden kann. In Gebirgswüsten wie in den Anden sind die Standortbedingungen nachhaltig von der Höhe geprägt. Im Hochgebirge sind die Pflanzen intensiver Sonne ausgesetzt, Temperaturen von bis zu -20 °C sowie Sturm und Schnee. Da über der Wolkengrenze kein Regen fällt, versorgen sich die Pflanzen aus Schmelzwasser mit Feuchtigkeit. Nur kleine Kugel- oder Kriechkakteen und -sukkulenten überleben solche Extreme, doch in niedrigeren Lagen, wo die Hänge mehr Halt und Schutz bieten, können auch größere Sukkulenten und Säulenkakteen wachsen. Hier streut die Wolkenschicht das Sonnenlicht und spendet Feuchtigkeit. Auf trockenen Ausläufern unter bewölktem Himmel herrschen kleine Kissenkakteen vor.

Zum Schutz vor Kälte und Sonne haben viele Kakteen der Gebirge ein dichtes Stachelkleid entwickelt, Sukkulenten dagegen eine wachsartige Haut. Niedrige Sukkulenten gedeihen auch an felsigen Standorten der gemäßigten Breiten. So besiedeln *Sempervivum*-Arten die alpinen Regionen Europas, und auf der Nordhalbkugel kommen viele *Sedum*-Arten vor. Selbst auf den vulkanischen Galapagos-Inseln ist z. B. *Brachycereus nesioticus* heimisch.

Halt im Gestein

Im Gebirge besiedeln Sukkulenten und Kakteen wie diese Mammillaria *oft Felsspalten, in denen sich genügend Wasser sammelt. Der Fels schützt auch vor Wind und speichert die Wärme des Tages. Auch in Kultur kann man Pflanzen auf diese Weise halten, z. B. in Mauerspalten oder zwischen Dachziegeln.*

KAKTEEN AM MEER
Obwohl nicht gerade als Küstenbewohner bekannt, besiedeln Kakteen wie diese Pachycereus *auch Ausläufer von Küstengebirgen. An diesen Standorten gelangen sie durch die Küstennebel an die lebenswichtige Feuchtigkeit.*

LEBENSRAUM IN LUFTIGER HÖHE
Nur wenige Pflanzen gedeihen unter so widrigen Bedingungen wie auf diesen Bergen in Mexiko. Säulenkakteen, die sich bereits an der Basis verzweigen, und stabile zylindrische Kakteen vermögen den Stürmen, die hier toben, zu trotzen.

Urwälder

Die meisten Kakteen und Sukkulenten besiedeln zwar aride Gebiete, doch sind auch viele Arten in tropischen und subtropischen Regenwäldern wie in Mittel- und Südamerika, Afrika, Sri Lanka und den Westindischen Inseln heimisch. Hier ist das Klima konstant feuchtheiß, Sonnenlicht wird durch ein dichtes Blätterdach gefiltert. Kakteen und Sukkulenten werden reichlich mit Feuchtigkeit aus der Luft und den regelmäßigen Niederschlägen versorgt; sie haben sich somit eher dem Licht- als andernorts dem Wassermangel angepaßt, wie wohl sie auch Trockenperioden überstehen. Entsprechend werden sie in Kultur am besten feucht und leicht schattig gehalten.

Viele Urwaldkakteen wie das üppig blühende *Epiphyllum* und einige Sukkulenten wie *Hoya* in Nordostaustralien sind Epiphyten: Sie wurzeln auf den Stämmen anderer Pflanzen. Oft bewohnen sie die oberen, weil helleren »Stockwerke« der Baumkronen. Andere Arten klettern und gelangen so über oder durch andere Pflanzen ans Licht.

Manche Sukkulenten leben im Halbdunkel des Waldbodens, einige Kakteen wie *Gymnocalycium* wachsen im Halbschatten des Regenwaldrandes.

Baumbewohner, oben
Im tropischen Regenwald Venezuelas klammern sich Epiphyten wie Aporocactus *an die Äste ihrer »Gastgeber«.*

Urwaldriesen, rechts
Baumartige Sukkulenten wie Espeletia schultzii *haben oft üppiges, breitblättriges Laub, um möglichst viel des spärlichen Lichtes, das durch das dichte Blätterdach fällt, absorbieren zu können.*

ENTDECKUNG UND VERBREITUNG

URSPRÜNGLICH BESIEDELTEN KAKTEEN NUR den amerikanischen Kontinent. Sukkulenten waren in vielen Regionen von Nordeuropa bis zum Fernen Osten heimisch, wenngleich die meisten in Süd- und Ostafrika vorkamen. Die Karte zeigt, daß die Entdeckungen der letzten 400 Jahre sowie die natürliche Verbreitung den Kakteen neue Lebensräume in der ganzen Welt erobert haben.

GROSSE EXPEDITIONEN

Die Suche nach neuen Seewegen nach Indien mit seinen exotischen Reichtümern, führte Ende des 15. Jh.s zu zahlreichen Reisen europäischer Entdecker und somit auch zur Entdeckung neuer Pflanzen. Als erster soll Kolumbus Kakteen nach Europa gebracht haben. Von den Westindischen Inseln brachte er seltsame, blattlose Pflanzen (*Melocactus* und *Opuntia*) der spanischen Königin mit. Ungefähr zur gleichen Zeit entdeckten die Portugiesen in Afrika und Indien eine Fülle von Sukkulenten. Wie da Gama (siehe Kasten), landete auch Bartolomeu Dias in Südwestafrika und stieß unter vielen anderen auf *Aloe*- und *Gasteria*-Arten. In den nächsten beiden Jahrhunderten wurden Mittelamerika und Teile des nördlichen Südamerika kolonisiert; über spanische Missionare gelangten Kakteen auf Handelsschiffen nach Europa.

Im 17. Jh. schickte die Niederländische Ostindische Kompanie, die zur Nutzung der Seehandelswege zur Kaphalbinsel gegründet worden war, zahlreiche Sukkulenten nach Holland und von dort in die Royal Botanic Gardens im englischen Kew.

Mit dem wachsenden Interesse an Kakteen und Sukkulenten häuften sich die botanischen Entdeckungsreisen. Von 1777 bis 1787 förderte König Karl III. von Spanien mehrere Expeditionen nach Amerika. Kapitän Arthur Phillip, Gründer der Stadt Sydney, führte 1788 Opuntien nach Australien ein, um dort die Koschenille-Farbindustrie aufzubauen (s. S. 25). Den Höhepunkt für Entdecker wie Thomas Bridges (siehe Kasten) und auf Kakteen und Sukkulenten spezialisierte Botaniker brachte aber erst das 19. Jh. So bereiste der aus Philadelphia stammende Botaniker Thomas Nuttall weite Teile der USA. Er entdeckte zahlreiche neue Arten, darunter einige *Coryphantha*.

In jüngerer Zeit sammelte Dr. Joseph Nelson Rose Kakteen fast überall in Südamerika sowie auf den Westindischen Inseln und im Süden der USA. Auch heute noch gelangen neue Spezies in Kultur.

VASCO DA GAMA
Der berühmte Entdecker unterbrach wiederholt eine Handelsreise nach Indien, um an der afrikanischen Küste zu landen. Er fand zahlreiche neue Sukkulenten, darunter *Haworthia*- und *Stapelia*-Arten in der Mossel-Bucht am Kap sowie *Euphorbia* in Kalkutta.

Zylindrische Kakteen wie diese Ferocactus pilosus *sind im ariden Grasland Nordmexikos häufig anzutreffen.*

Nur kleine Kugelkakteen wie diese Copiapoa malletiana *sind im rauhen Klima Südchiles ausdauernd.*

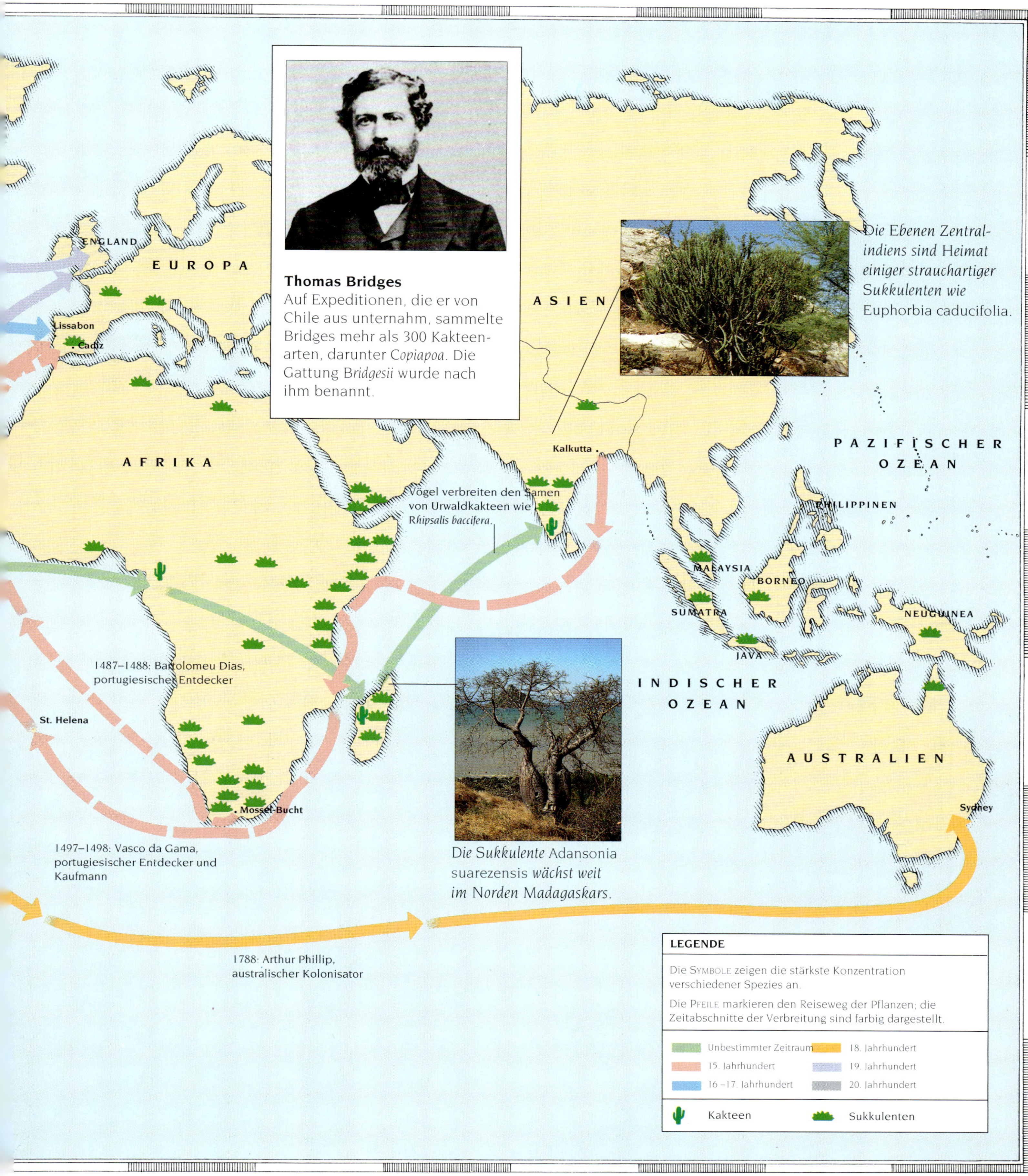

Thomas Bridges
Auf Expeditionen, die er von Chile aus unternahm, sammelte Bridges mehr als 300 Kakteenarten, darunter *Copiapoa*. Die Gattung *Bridgesii* wurde nach ihm benannt.

Die Ebenen Zentralindiens sind Heimat einiger strauchartiger Sukkulenten wie Euphorbia caducifolia.

Die Sukkulente Adansonia suarezensis *wächst weit im Norden Madagaskars.*

LEGENDE

Die SYMBOLE zeigen die stärkste Konzentration verschiedener Spezies an.

Die PFEILE markieren den Reiseweg der Pflanzen; die Zeitabschnitte der Verbreitung sind farbig dargestellt.

- Unbestimmter Zeitraum
- 15. Jahrhundert
- 16.–17. Jahrhundert
- 18. Jahrhundert
- 19. Jahrhundert
- 20. Jahrhundert

- Kakteen
- Sukkulenten

BOTANIKER UND SAMMLER

BEVOR SEEFAHRER UND ENTDECKER wie Kolumbus auf Kakteen und Sukkulenten stießen, waren diese seltsamen Pflanzen in der Alten Welt gänzlich unbekannt. Einige gelangten erst im 15. und 16. Jh. als Kuriositäten nach Europa, nachdem aber im 17. Jh. erstmals mehre Arten von Botanikern beschrieben worden waren, wuchs das Interesse. Wohlhabende Sammler förderten die botanische Forschung, und neue Arten wurden für den Aufbau öffentlicher und privater Gärten entdeckt. Kakteen und Sukkulenten werden noch heute gesammelt, der Schwerpunkt liegt aber auf der Arterhaltung.

ALTE KULTUREN

Den Inka in Peru, den Azteken in Mexiko und den Indianern Nordamerikas waren Kakteen lange vor den europäischen Entdeckern bekannt. Die Pflanzen waren ihnen nicht nur als Teil der alltäglichen Umgebung vertraut, sondern gehörten oft durch religiöse Bedeutung und ihren praktischen Nutzen auch zur Kultur. Die Indianer kannten die berauschende Wirkung mancher Kakteen, und auch heute noch kaut man mescalinhaltige Peyotl (*Lophophora*).

In Afrika nutzen Bantu, Buschmänner, Xhose, Pondo und Thembu die zahlreichen heimischen Sukkulenten seit Jahrhunderten zu den unterschiedlichsten Zwecken (siehe S. 24–25). Allerdings sind keine religiösen Riten bekannt in denen Sukkulenten eine Rolle spielen

STADTGRÜNDUNG
Im Mythos träumte einem aztekischen Priester von dem Sonnengott Huitzilopochtli: Dort, wo sich ein Adler auf einem Kaktus niedergelassen habe, solle eine Stadt entstehen. Und so geschah es im Jahr 1325, so die aztekische Handschrift von 1541 (rechts), die die Hauptstadt Tenochtitlán (das heutige Mexiko) und die am Bau beteiligten zehn Stämme zeigt. Adler und Kaktus zieren heute noch die Flagge von Mexiko.

WIE DER KAKTUS ZU SEINEM NAMEN KAM
Carl von Linné (1707–1778) schuf mit einer konsequenten Bezeichnung der Artbegriffe (Nomenklatur) die Basis der biologischen Systematik. Er wählte das aus dem griechischen káktos *(»stachlige Pflanze«) abgeleitete* cactus.

KLASSIFIKATION

Viele der am frühesten dokumentierten Kakteen und Sukkulenten finden sich in englischen Kräuterbüchern des späten 16. Jh.s. Das wohl berühmteste ist John Gerards *The Herball or Generall Historie of Plants* (1597). Darin beschreibt er vier Kakteenarten: die »Hedgehogge Thistle«, ein *Melocactus*, die »Torch or Thorne Euphorbium«, ein Cereus, die »Thorne Reede of Peru«, ein weiterer *Cereus*, und den »Indian Fig Tree« die *Opuntia*.

Zahlreiche der gesammelten Pflanzen wurden von dem schwedischen Naturforscher Carl von Linné in seiner *Species Plantarum* (1753) klassifiziert. Auch bei anderen Botanikern der Zeit sind Kakteen erwähnt, so bei Philip Miller, der in seinem *Gardener's Dictionary* (1731) die Kakteen in vier Gattungen gliederte, und bei Richard Bradley, der viele neue Sukkulentenarten beschrieb, die Reisende nach Amsterdam brachten – 1718 erschien seine *History of Succulent Plants*. Wie Gerard beschreibt auch Bradley den *Cereus* als »torch thistle« (Wachsfackel-Kaktus), aber er führt bereits die heute als *Trichodiadema stellatum* bekannte Art auf. Immer mehr Kakteen und Sukkulenten gelangten über die neuen Handelswege nach Europa, weil die Pflanzen lange Reisen auch ohne Substrat überstehen konnten. Die Kew Gardens bei London sandten 1772 zuerst den Sammler Francis Masson nach Südafrika. Er reiste mit Captain Cook auf der *Endeavour* und sammelte mehr als 100 Sukkulenten zur Klassifikation, darunter verschiedene *Euphorbia*-, *Stapelia*- und viele *Mesembryanthemum*-Arten. Die Jahre 1845–1883 waren die große Zeit der Entdeckung von Kakteen und Sukkulenten; viele neue Arten wurden nach damaligen Sammlern benannt, etwa Humboldt, Engelmann, Bridges (siehe S. 21) und Wislizenus – was auch zu zahlreichen Unklarheiten führte.

Einen wichtigen Beitrag zur Systematisierung lieferten das 1919–1923 von Britton und Rose (siehe S. 20) veröffentlichte vierbändige *The Cactaceae* und Curt Backebergs sechsbändiges Werk *Die Cactaceae* von 1958–1962. Für die Sukkulenten bleibt Jacobsens *Lexicon of Succulent Plants* (1974) die Quelle.

GROSSE SAMMLER

Die ersten privaten Kakteen- und Sukkulentensammlungen entstanden im 17. Jh., als Pflanzen und Samen erhältlich wurden. Nur die beheizbaren Orangerien wohlhabender Leute boten die notwendigen Licht- und Temperaturbedingungen. In dieser Zeit wurde der Hortus Medicus in Amsterdam angelegt, vor allem für Arzneipflanzen. Bereits 1820 kamen Gewächshäuser in Mode. Die meisten Sammler waren Adelige, die sich den Bau großer, dampfbeheizter Treibhäuser leisten konnten.

Um 1835 besaß der Graf von Salm-Dyck eine der besten europäischen Kakteen- und Sukkulentensammlungen; er untersuchte seine Exemplare gründlich und fertigte schöne Pflanzenporträts. Der russische Fürst Kotschoubey von St. Petersburg förderte zahlreiche Sammler. Es war einer von ihnen, der 1830 einen *Ariocarpus* nach dem Fürsten benannte und ein Exemplar für 1000 Franc verkaufte – weit mehr als das Pflanzengewicht in Gold.

Um 1850 erfreuten sich Kakteen großer Beliebtheit; Besucher kamen in Scharen, um die eigenartigen Pflanzen zu bestaunen, und für ein Exemplar wurden große Summen gezahlt. Ende des Jahrhunderts aber nahm das Interesse ab: Die Expeditionen wurden zu kostspielig, man begeisterte sich nun mehr für Orchideen, und zahlreiche Kakteensammlungen wurden aufgelöst.

PRIVILEGIERTE SAMMLER
Noch im 19. Jh. befanden sich die meisten Gärten und großen Kakteen- und Sukkulenten-Kollektionen im Besitz wohlhabender Sammler.

GÄRTEN UND ARTERHALTUNG

EXOTISCHE KOLLEKTION
Einer der berühmtesten botanischen Gärten mit einer Kakteen- und Sukkulenten-Sammlung ist der terrassenförmige Jardin Exotique in Monaco.

Heute haben Kakteen und Sukkulenten wieder viele Freunde, die sie als Garten- und Zimmerpflanzen schätzen; in zahlreichen Ländern gibt es einschlägige Gesellschaften. Neue Arten werden entdeckt, und da zu ihrer Erforschung auch die modernste Technik wie Elektronenmikroskope und Computer eingesetzt werden, wächst das Wissen über die einzigartige Anatomie dieser Pflanzen.

In vielen Teilen der Welt sind in botanischen Instituten beeindruckende Sammlungen entstanden. Zu den bekanntesten zählen der Huntington Botanical Garden in Kalifornien, die Züricher Sammlung in der Schweiz, der Frankfurter Palmengarten und die älteste noch bestehende in Kew Gardens. Auch im australischen Brisbane wurde eine Sammlung aufgebaut.

Ähnlich wie bei anderen Pflanzenarten hat auch hier das Problem der Arterhaltung inzwischen besondere Bedeutung erlangt. Um gefährdete Arten zu schützen, sind schärfere Kontrollen erforderlich; es geht nicht nur um skrupellose Sammler und Schmuggler, sondern auch um die sich stetig ausbreitende Überweidung und Flächenerschließung, um Klimaveränderung, Umweltverschmutzung und den Rückgang der natürlichen Bestäuber.

In vielen Ländern ist die Entnahme von Kakteen und Sukkulenten aus der Natur heute illegal. Organisationen wie die IUCN (International Union for the Conservation of Nature) – Welt-Naturschutz-Union – empfehlen die Zucht seltener Arten aus Samen und raten dringend davon ab, wildgewachsene Pflanzen zu kaufen.

EIGENSCHAFTEN UND VERWENDUNG

IM FASZINIERENDEN, UNGEWÖHNLICHEN AUSSEHEN der Kakteen und Sukkulenten liegt ihr Reiz, aber viele dieser erstaunlichen Pflanzen besitzen auch einen verborgenen Wert. Seit alters her werden ihre Früchte verzehrt, werden sie zur Herstellung von Arzneimitteln, Werkzeugen und sogar Behausungen verwendet.

Die Zukunft verspricht sogar eine noch vielfältigere Nutzung. So könnte *Cereus hildmannianus* die schädliche Strahlung von Bildschirmgeräten absorbieren, und aus den Stämmen bestimmter *Opuntien* läßt sich ein Alkohol gewinnen, der anstelle von Benzin als Treibstoff genutzt werden kann.

ESSEN UND TRINKEN

Kaum eine Pflanze könnte weniger eßbar aussehen: So überrascht es, daß viele Kakteen- und Sukkulentenarten gekocht und als Gemüse verzehrt werden, andere Spezies köstliche Früchte hervorbringen. Am bekanntesten ist wohl die Kaktusfeige der *Opuntia ficus-indica*; ihre gelben, weißen oder rötlichen Früchte werden auf mexikanischen Märkten feilgeboten und sind auch in Australien und vielen Mittelmeerländern zu finden. Aus den im reifen Zustand rosa Früchten von *Echinocereus triglochidiatus* läßt sich Marmelade herstellen.

Im bolivianischen Hochland wird der Kaktus *Neowerdermannia vorwerkii* genau wie Kartoffeln gekocht und gegessen, und in Mexiko werden die flachen Gliedergelenke junger *Opuntia subulata* gekocht. Im südafrikanischen Busch gehören die Knollen von *Ceropegia* und *Brachystelma* zur Kost der Bantu und Buschmänner. Manche Pflanzen lassen sich sogar zu Süßigkeiten verarbeiten; Stücke des aromatischen, süß-sauren Fruchtfleischs von *Ferocactus wislizeni* beispielsweise werden kandiert.

Das international wohl bekannteste Erzeugnis ist Tequila, jener aus gekochten und fermentierten Herzen wildwachsender Agavenarten Mexikos destillierte Branntwein. Ebenfalls aus dem vergorenen Saft der Agaven wird ein weiteres alkoholhaltiges Getränk hergestellt: *Pulque*.

KAKTUSFEIGE
Die Frucht wird roh gegessen oder zu Marmelade verarbeitet; gelb hat sie die stärkste Süße.

TEQUILA
Traditionell wird Tequila pur mit einer Prise Salz und etwas Zitrone getrunken.

NATÜRLICHE SCHÖNHEIT
Der klare, zähflüssige Saft der Aloe *wird für zahlreiche kosmetische Präparate verwendet.*

KOSMETIKA UND ARZNEIEN

Sukkulenten und Kakteen liefern wie viele andere Pflanzen seit alters her Ingredienzien für Schönheitsmittel und Medikamente. Die Eigenschaften der *Aloe* waren bereits Griechen und Römern bekannt, die sie zur Behandlung verschiedener Beschwerden einsetzten, von kleineren Hautverletzungen bis zu schweren Wunden. Dieselben Qualitäten werden auch heute geschätzt; der zähflüssige Saft frisch angeschnittener Blätter kann direkt auf die Haut aufgetragen werden, um Schnitte und Verbrennungen zu lindern.

Auch in der Naturkosmetik ist die Aloe beliebt – ihr Saft ist Bestandteil zahlreicher Schönheitsmittel. Hier wird am meisten *Aloe barbadensis* (Syn. A. *vera*) eingesetzt, die in großem Maßstab in Florida, Texas und auf den Westindischen Inseln angebaut wird. Ebenfalls Heilwirkung besitzt die Königin der Nacht (*Selenicereus grandiflorus*), die nur eine Nacht blüht. Die frisch geernteten Blüten des in Südamerika angebauten Kaktusgewächses werden gern für kreislaufstabilisierende Medikamente verwendet.

Anfang des 20. Jh.s wurde aus den fleischigen Knollen von *Testudinaria elephantipes* das entzündungshemmende Mittel Kortison gewonnen. Viele *Testudinaria*-Arten werden heute noch für die Produktion von Anti-Baby-Pillen verwendet.

Eine kleine, als Peyotl bekannte Kakteenart (*Lophophora williamsii*) diente früher zur Behandlung von Erkrankungen wie Rheuma und Asthma. Die Azteken schrieben diesem »heiligen Pilz« aufgrund seiner halluzinogenen Wirkung Zauberkräfte zu. Wenngleich in vielen Ländern verboten, ist die Art heute noch Teil des Kultes mancher nordamerikanischer Indianer.

Erzeugnisse und Werkstoffe

Viele Produkte und Werkstoffe, die meist in der amerikanischen und afrikanischen Heimat entwickelt wurden, bringt man zunächst gar nicht mit Kakteen und Sukkulenten in Verbindung. So besitzt der in Argentinien und Bolivien heimische *Oreocereus celsianus* haarfeine, weiche »Stacheln«, die gesammelt und als Füllung für Kissen und Betten verwendet werden.

Die kommerziell bedeutendste Sukkulente ist die Sisalagave (*Agave sisalana*); sie liefert den Sisalhanf, aus dem Seile, Schnüre, Sackleinen und grobe Matten gefertigt werden. Sie wird in Kenia und auch in Madagaskar angebaut.

Früher verwandten die Indianer im Norden Mexikos Sukkulenten für den Fischfang: Der Saft der ins Wasser geworfenen zerdrückten Stämme von *Stenocereus gummosus* betäubte die Beute, die nun leicht mit der Hand aus dem Wasser gefischt werden konnte. In Südafrika wurde der giftige Saft von *Euphorbia cereiformis*, E. *heptagona* und E. *virosa* durch Kochen eingedickt und zur Jagd auf die Pfeilspitzen aufgetragen.

Die Azteken in Mexiko, die vom 14. bis zum 16. Jh. eine Blütezeit erlebten, pflegten die wohl älteste Tradition im Anbau von Kakteen. Sie zogen *Opuntia coccenillifera* als Wirtspflanze für die Koschenillelaus, eine Schildlausart. Getrocknete, zu Pulver vermahlene weibliche Tiere lieferten einen blauroten Farbstoff, mit dem Fürsten- und Kultgewänder eingefärbt wurden, aus männlichen Tieren wurde ein scharlachroter Farbstoff gewonnen. Nach Ankunft der Spanier in Mexiko im 16. Jh. legten diese selbst Kakteenpflanzungen an und verschifften den Farbstoff nach Spanien. Heute wird Koschenille noch in großem Umfang in Südamerika erzeugt und zum Färben von biologischen Präparaten und als Lebensmittelfarbstoff verwendet.

Hanffasern
Auf Madagaskar wird Agave sisalana *zur Produktion von Sisalhanf angebaut. Die geernteten Blätter (unten) werden zur Gewinnung der Fasern zerkleinert, die Fasern anschließend auf Gestellen getrocknet und zu Seilerwaren verarbeitet.*

Alter Farbstoff
Diese Illustration zeigt Spanier, die das Absammeln der Koschenilleläuse überwachen.

Geräte, Werk- und Baustoffe

Nahezu alle Teile von Kakteen oder Sukkulenten lassen sich für praktische Zwecke nutzen. In Südamerika werden manche Kakteenstacheln als Zahnstocher und zur Herstellung von Kämmen gebraucht, die langen, spitzen Stacheln des Säulenkaktus *Cereus hildmannianus* als Nähnadeln. Die gebogenen Stacheln von *Mammillaria bocasana* werden in Mexiko seit Jahrhunderten als Angelhaken verwendet.

Calibanus hookeri, eine mexikanische Sukkulente, besitzt grasartige Blätter, die eine seifige Flüssigkeit enthalten. Sie macht die zudem noch grobgezähnten Blätter zum idealen Topfkratzer. Die Pflanze liefert ferner reichlich feste Blätter, mit denen Dächer gedeckt werden.

In Südafrika verdankt *Sarcocaulon burmannii*, eine kleine strauchartige Sukkulente, ihrem harzigen Überzug den Spitznamen »Buschmänner-Fackel« – sie läßt sich nämlich wie eine Fackel anzünden.

Manche Kakteen sind aufgrund ihres holzigen Stamms erstaunlich robust und liefern in Gegenden, wo nur schwer an Holz zu gelangen ist, ein ausgezeichnetes Baumaterial. Im baumlosen Gebiet an der bolivianisch-argentinischen Grenze dient *Trichocereus pasacana* zum Hausbau und Feuermachen; *Pilosocereus*-Arten erfüllen in Venezuela denselben Zweck.

Durch ihre Säulenform und Stachelbewehrung eignen sich manche Kakteen und Sukkulenten gut für Einzäunungen, so die als Christusdorn bekannte *Euphorbia milii*, die man in Madagaskar häufig als undurchdringliche Mauer auf dem Mittelstreifen breiter Straßen sieht; in Mexiko gibt *Pachycereus marginatus* beeindruckende Zäune ab.

Lebender Zaun
Säulenkakteen wie Pachycereus *lassen, in Reihen gepflanzt, einen Zaun entstehen.*

KAKTEEN HABEN STIL

Vorgestellt wird zunächst die Vielfalt schöner Formen und Blütenfarben; im nächsten Abschnitt geht es um die dekorativen Qualitäten, die diese Pflanzen entfalten können. Praktische Anleitungen zeigen, wie man in den verschiedensten Gefäßen phantasievolle Arrangements schafft.

KAKTEENFORMEN

DIE SCHÖNHEIT DER KAKTEEN liegt vor allem in ihrer eigenartigen Gestalt. Mit den uns vertrauten Blattpflanzen haben sie wenig gemeinsam – die Wuchsformen reichen von Kugeln über schlangenartige Kriechgewächse und gedrungene Zylinder bis zu riesigen, verzweigten Kandelabern. Ihr markantes Aussehen verleiht ihnen eine bildhauerische, fast abstrakte Qualität und macht sie damit zum auffallenden Gestaltungselement für die optische Inszenierung einer formalen Komposition. Dabei kann das Äußere durch bestimmte Merkmale noch stärker profiliert sein: übersät mit Stacheln, sich scharf abzeichnenden Rippen oder Warzenhöckern.

Echinopsis
Ein vielarmiges Geschöpf: diese Art verändert mit der Zeit immer wieder ihre Gestalt.

Ferocactus
Stacheln wie Angelhaken betonen und beschirmen die langen Warzenhöcker.

Astrophytum
Die stark profilierten Rippen sind wirtelartig angeordnet.

Opuntia
Das »stachelige« Äußere verdankt sich den rudimentären Blättern.

Opuntia
Den blattartigen Sproßgliedern sind oft ohrenähnliche Polster aufgesetzt.

Echinocereus

Oreocereus
Seine Gestalt wird durch ein dichtes »Wollkleid« eher verhüllt.

Echinopsis
Die kräftigen Rippen unterstreichen die lineare Struktur des Kaktus.

Echinocactus
Stachelkissen, Wuchsform und Warzenhöcker vereinigen sich zu einem streng symmetrischen Muster.

Cleistocactus

Cleistocactus
Am vertrautesten ist uns wohl die schlichte Eleganz der säulenförmigen Kakteen.

Opuntia
Kurze Sproßglieder verzweigen sich unregelmäßig.

SUKKULENTENFORMEN

SUKKULENTEN ENTFALTEN EIN BREITES SPEKTRUM exotischer Formen – von schlichten, kakteenartigen Pflanzen bis zu komplexen, strauch- oder baumartigen Spezies mit ansprechend geformten Blättern und Stämmen. Manche sind völlig symmetrisch wie eine Rosette, ob von strahlender oder stiller Schönheit, anderen verleihen herabhängende Triebe und Blätter ein eher weiches und anmutiges Profil, wieder andere weisen bizarre knollenartige Formen auf. So bieten sich Sukkulenten für die vielfältigsten Arten der Präsentation an und eignen sich in gemischten Arrangements auch als Hintergrund für andere Pflanzen.

Testudinaria
Der gedrungene, knollenartige Sproß kontrastiert auffallend mit den zarten, herzförmigen Blättern.

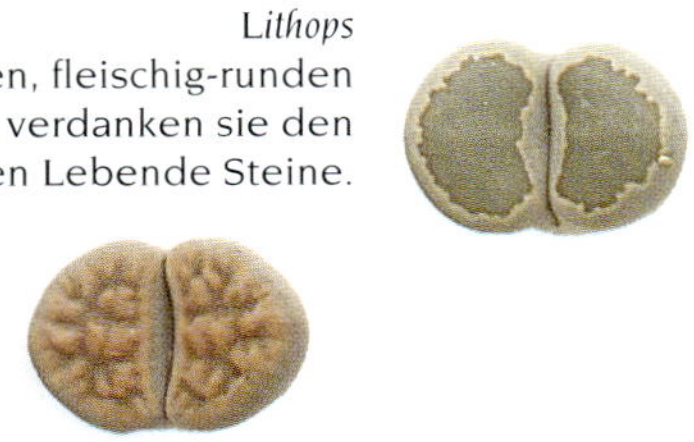

Lithops
Ihren glatten, fleischig-runden Blättern verdanken sie den Namen Lebende Steine.

Agave
Schmal-längliche Blätter mit Stachelspitzen bilden eine Rosette.

Echeveria
Eine klassische Gestalt: die symmetrische Rosette.

Sedum
Kriechende Rosetten verzweigen sich zu rasenbildendem Blattwerk.

Echeveria
In den Ablegern wiederholt sich die Gestalt der Mutterpflanze.

Faucaria
Den an Reißzähne erinnernden Stacheln verdankt die Art den Namen Tigerrachen.

Crassula
Die strauchartige Pflanze besitzt lanzettförmige Blätter.

Cotyledon
Das schaufelartige Aussehen der Blätter wird von einem rüschenartigen Rand gemildert.

Kalanchoe
Winzige Keimlinge zieren die Enden röhrenförmiger Blätter.

SPROSS- UND BLATTFORMEN

BEI MANCHEN KAKTEEN erinnern die Triebe eher an Blätter, bei manchen Sukkulenten ist es umgekehrt – und beide Sproßteile können dann auch noch innerhalb derselben Gattung höchst unterschiedlich sein. Meist sind Blätter und Triebe fleischig-kompakt, Aussehen und Umriß der Pflanzen sind auffallend. Sprosse wie Blätter können tief gesägt sein, gedreht und kantig, lang und schlank, dick und rund, geschuppt oder zart und herzförmig; diese Vielfalt bietet reichlich Gelegenheit zum Arrangieren.

Crassula
Durch die enganliegenden Blätter erscheinen die herabhängenden Sukkulententriebe gefurcht.

Senecio
Sukkulententrieb

Senecio
Kleine, kugelige Blätter machen den Sukkulentenstamm zur »Perlenkette«.

Crassula
Es scheint, als seien die kleinen, fleischigen, gegenständigen Blätter auf den Sukkulentensproß aufgefädelt.

Epiphyllum
Die blattähnlichen Flachsprosse des Gliederkaktus sind tief gezackt.

Haworthia
Sukkulentenblätter

Aloe
Die stark sägeartig gezahnten Blattränder lassen vor Berührung zurückschrecken.

Senecio
Sukkulentestamm

Heliocereus
Der längliche, dreikantige Trieb wirkt eher wie ein Blatt.

Echinopsis
Kaktussproß

Senecio
Sukkulentenblatt

Epiphyllum
Kaktussproß

Aeonium
Sukkulentenblatt

Testudinaria
Sukkulentenblatt

Crassula
Fleischige, ovale Blätter sind typisch für viele Sukkulenten.

Crassula
Sukkulentenblatt

Kalanchoe
Der elegante Umriß des pfeilförmigen Sukkulentenblatts wird durch die samtige Oberfläche noch betont.

Epiphyllum
Der Bogenrand verleiht dem blattähnlichen Kaktussproß Anmut.

BLÜTENFARBEN

BLÜHENDE KAKTEEN und Sukkulenten bieten ein grandioses Schauspiel: Ihre Kronblätter zeigen sich in reinen Weiß-, Silbergrau- und zarten Grüntönen, in lebhaftem Rot, knalligem Pink und strahlendem Gelb, schimmern einfarbig oder in eigenartigen, einmaligen Farbmustern. Durch Hybriden wurde die Palette um zahlreiche Nuancen erweitert; nur Blau entzieht sich noch der Kunst des Züchters. Die dicht zusammenstehenden Kron- und Kelchblätter der Kakteen sind im Ton nicht zu unterscheiden, Sukkulentenblüten dagegen haben meist grüne Kelchblätter.

Echinopsis

Glottiphyllum
Senffarbene Staubblätter, umkränzt von goldgelben Kronblättern, fallen ins Auge.

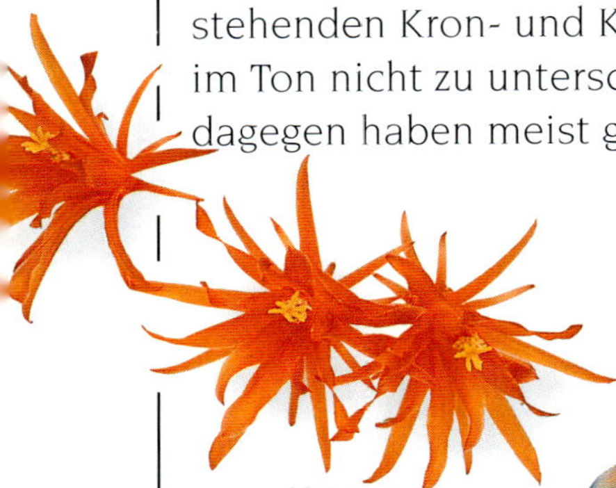

Matucana

Aloe
Öffnen sich die lilienartigen Knospen zu Blüten, tragen diese einen dünnen Saum zarter Kronblätter.

Rebutia
Leuchtende Farben wie dieses kräftig-dunkle Orange locken Insekten zum Bestäuben an.

Matucana

Matucana

Epiphyllum
Diese Blüten sind nachts ganz geöffnet; groß und hell, sind sie dann für Insekten noch gut zu erkennen.

Epiphyllum
Das kühle Weiß der Kronblätter kontrastiert zum zarten Grün der länglichen Kelchblätter.

Sempervivum
Zarte Kastanienbraun-, Grün- und Silbertöne betonen die Zierlichkeit der Blüte.

Epiphyllum
Die langen purpurnen Kelchblätter werden später aprikosenfarbig.

Echinocereus

Matucana

Rebutia

Stenocactus

Gymnocalycium

Brachystelma
Die zurückgebogenen Kronblätter zeigen zartgrüne Unterseiten.

Gymnocalycium
Diese Kakteengruppe zeigt sich meist in ungewöhnlichen Blütenfarben.

Harrisia
Rötlich-grüne Kelchblätter umsäumen den tiefen Kelch reinweißer Kronblätter.

Stapelia
Die eigenartige Zeichnung kann dunkelgelb, violett oder braun sein.

Mammillaria
Ein Blütenkranz in leuchtenden Farben erscheint auf dem Scheitel der Pflanze.

Echinopsis

Echinocereus
Auffallend grüne Narben sind das gemeinsame Merkmal aller *Echinocereus*-Arten.

Echinopsis

Epiphyllum
Alle echten *Epiphyllum*-Arten besitzen zarte Blüten; die lebhafte Farbe dieser Hybride entstand in Kultur.

Echeveria
Die fliederfarbenen Knospen öffnen sich zu einem goldenen Kelch.

Echinopsis

Echinopsis
Streifige rosa Kronblätter säumen das kräftige Grün des Pollenschlauchs.

Hoya
Bei dieser »Wachsblume« sind zarte und kräftige Rosatöne deutlich voneinander abgesetzt.

Echinopsis

Euphorbia
Echte Blüten sind nur die winzigen Kelche; die lebhaften »Kronblätter« sind Tragblätter.

Senecio
Viele kleine röhrenförmige Blüten bilden eine leuchtendrote Kugel.

Matucana

Aloe
Sowohl Sproß als auch Blüten sind korallenfarben.

Pachycormis
Ein Farbschleier aus rispenartigen rosa Blütenständen

Lewisia
Das feine Geäder betont die Zartheit der hellrosa Kronblätter.

Echinocereus

WAHL DER PFLANZGEFÄSSE

VOM RUSTIKALEN HOLZFASS über herkömmliche Tontöpfe bis zu Steingutkrügen: Für jeden Geschmack und jede Umgebung gibt es die passenden Behältnisse. In Gefäßen gedeihen Kakteen und Sukkulenten gewöhnlich gut, und da sie nur langsam wachsen, kommen sie lange mit ein und demselben Topf aus. Sofern sie nicht zu schwer sind, können sie leicht zu neuen Arrangements umgruppiert oder zur Überwinterung nach drinnen gebracht werden. Die Gefäße sollten die Pflanzen und ihre Umgebung ergänzen und nicht mit ihnen konkurrieren. Auch ihre Form ist wichtig: Für eine einheitliche Wirkung empfehlen sich ähnliche Gefäße, für anregende Kontraste deutlich unterschiedliche Formen. Die meisten Töpfe für drinnen und alle Kübel für draußen brauchen Abzugslöcher.

Crassula ovata
Geldbaum

Senecio scaposus

Mammillaria pringlei

FLECHTKÖRBE
Körbe gibt es in zahlreichen Formen und Flechtarten; sie passen gut zu bedornten wie auch zu glatten Pflanzen. Vor dem Einfüllen von Erde zunächst mit schützender Plastikfolie auskleiden oder eine Schale einsetzen.

Sedum burrito
Eselsschwanz

BLUMENSTÄNDER
Hohe Ständer eignen sich besonders zur Präsentation: Sie bringen die Pflanzen dem Auge näher. Wie bei Ampeln harmonieren sie mit hängenden Pflanzen. Seitlich können Ableger eingepflanzt werden, das wirkt noch üppiger.

Agave filifera

Agave victoria-reginae

Torfmoos-Auskleidung

Agave toumeyana

ZEITLOSES TERRAKOTTA
In vielen Formen und Größen erhältlich, eignen sich Terrakottagefäße für klassische wie für moderne Arrangements, für drinnen und draußen. Durch ihr Gewicht sind sie für hohe Pflanzen ideal, die sonst fallen könnten. Gerade, schlanke Töpfe passen gut zu aufrecht wachsenden Kakteen und Sukkulenten, breite Schalen zu niedrigenPflanzen. Den Boden tiefer Töpfe zunächst mit Scherben bedecken; wenig Substrat geben.

Euphorbia trigona
›Rote Form‹

Pachypodium lamerei
Madagaskarpalme

AUSGEFALLENE ALTERNATIVEN
Ganz unorthodox: Metallgefäße fallen in moderner Umgebung oder auf der Veranda ins Auge, gleichermaßen gut fügen sie sich in ein eher rustikales Ambiente. Am besten wählt man nichtrostende Materialien wie Aluminium oder Edelstahl. Pflanzen mit weißen Stacheln oder milchigen Blüten lassen den metallischen Glanz noch einmal anklingen.

GEMUSTERTE TONWAREN
Bei sehr auffallenden Gefäßen wie diesen irdenen Töpfen sollte die Bepflanzung zwar kühn, aber schlicht sein, damit beides ästhetisch nicht miteinander konkurriert. Große, schwere Gefäße nur für dauerhafte Arrangements verwenden.

BEMALTE TÖPFE
Für Pflanzen mit betonten Umrissen sind farbige Töpfe ideal. Gefäße aus Ton oder Holz können gut mit den Grundfarben und schlichten Mustern bemalt werden. Sollen sie draußen stehen, müssen wetterfeste Farben gewählt oder eine schützende Lackschicht aufgetragen werden.

Gestaltungsideen

Der Reichtum der Kakteen und Sukkulenten an Wuchsformen, Größen, Texturen und Farben umfaßt matte, kieselartige Blätter ebenso wie vielgliedrige und hängende oder mit Stacheln und Rippen übersäte Pflanzen. Die kühne plastische Wirkung mancher Arten läßt sich ausgezeichnet in eindrucksvollen Arrangements mit markanten Formen nutzen; die wachsartigen oder behaarten Blätter oder gebogenen Stacheln anderer ergeben raffinierte Kontraste – der Phantasie sind keine Grenzen gesetzt. Einzige Einschränkung: Man sollte nur Pflanzen mit ähnlichen Ansprüchen wählen.

Wohnräume

Kakteen und Sukkulenten bringen eine wohltuende Abwechslung ins vertraute Zimmerpflanzenreich. Bevor ein Standort für sie gewählt wird, sind die Ansprüche an Licht, Temperatur und Feuchtigkeit zu bedenken (siehe S. 150–151). Überlegen Sie, wie die Pflanzen in den verschiedenen Bereichen des Raums aussehen und wo sie am besten wirken könnten. Viele kleinere Sukkulenten, vor allem rosettenähnliche wie *Aloe* und *Haworthia*, sind von oben betrachtet am eindruckvollsten: Sie bilden ein Mosaik aus Farben und Texturen. Dagegen wirken Arten mit herabhängenden Sproßteilen als Ampelpflanzen besser. Stachelbewehrte Spezies sollten geschützt stehen.

Ferner ist zu überlegen, ob eine Pflanze einzeln oder in einer Gruppe die größte Wirkung erzielt. Große Solitäre beeindrucken vor einer einfachen Wand am meisten. Kleinere Pflanzen können im Paar ein Fenster flankieren oder Tischenden schmücken. Pflanzengruppen lassen sich zusammen in ein und demselben Gefäß ziehen oder in einzelnen Töpfen, um immer wieder räumliche Veränderungen vornehmen zu können.

Wichtig ist, das Pflanzenarrangement und den Einrichtungsstil aufeinander abzustimmen. Ein modernes Interieur beispielsweise mit nüchterner Ausstattung verträgt sich gut mit einem Säulenkaktus. Zu einer eher konservativen Einrichtung paßt besser ein Ensemble von Blattpflanzen wie *Crassula*, *Echeveria* oder *Kalanchoe* in einer dekorativen Porzellanschale.

Licht kann die Wirkung der Pflanzen noch steigern: Kakteen mit schönem Dornenbesatz sind auf einer beleuchteten Fensterbank ein Blickfang. Kräftige Umrißlinien oder filigrane Silhouetten ergeben bei Hintergrundbeleuchtung dramatische Effekte.

Lebendes Kunstwerk, oben
In modernem Interieur wird ein unverwechselbarer Solitär wie dieser Cereus hildmannius v. monstrose *zur lebenden Skulptur.*

Gruppenbild, links
Kleinere Pflanzen auf Glasböden in einem Fenster bilden ein dekoratives Ganzes, das mehr ist als die Summe seiner Teile.

Spannungsvoller Kontrast, rechts
In einfachen Tontöpfen vor einem Hintergrund aus farbigen Mustern: Die schlichten Formen der Kakteen und Sukkulenten bieten dem Auge Halt.

INNENHÖFE UND TERRASSEN

Der warme, geschützte Standort, den Innenhöfe und Terrassen meist bieten, ist für Kakteen und Sukkulenten ideal, ob sie nun in Hochbeeten oder Gefäßen gezogen werden. Die kompakten, geometrischen Pflanzenformen wirken als Bindeglied zwischen den strengen Linien und Materialien von Haus und Patio und den weicheren Formen und Strukturen der Gartenpflanzen. Wichtig ist, die Pflanzen ins richtige Verhältnis zum Stil und zum verfügbaren Raum zu setzen. Ein formal strenger Rahmen z. B. läßt einen Solitär von kräftigem Wuchs zu, der hier zum Mittelpunkt wird; zwei Exemplare einer Art, eine Treppe flankierend, bieten eine interessante Alternative zu den sonst üblichen formgeschnittenen Pflanzen.

Pflanzgefäße erlauben größere Flexibilität, wenn es darum geht, die dekorative Wirkung zu nutzen: Durch sie werden die Pflanzen zu beweglichen Gestaltungselementen. Bepflanzt man mehrere Töpfe mit derselben Art und ordnet sie in Reihe auf einer Mauer oder am Rand der Terrasse an, erzielt man einen stark strukturierenden Effekt.

Bei einer eher zwanglosen Anlage passend, sind viele Sukkulenten, vor allem kleinere *Sedum*-Arten, die man in Trockenmauern pflanzt. Sehr üppig wirkt ein am Rande oder in einer Ecke des Innenhofs angelegtes Sukkulentenbeet. Bei beengten Verhältnissen entfernt man eine oder zwei Fliesen oder Steine, pflanzt nur eine Art und umgibt die Gruppe mit passenden Bodendeckern. Bilden loser Kies oder Kiesel den Untergrund, kann man diese auch als Beetabdeckung verwenden. Gedeckte Farben sind vorzuziehen, da sie die Pflanzen besser zur Geltung kommen lassen.

TRADITIONELLE KLARHEIT, oben
Eine dekorative Schale oder ein stattliches Terrakottagefäß wirken vornehm, wenn man sie mit einer rosettenförmigen Sukkulente wie Agave americana *›Medio-picta alba‹ bepflanzt und durch einen Sockel erhöht.*

ABGESTIMMTE ELEGANZ, links
Der Stil von Gefäß und Bepflanzung, der Hintergrund wie die Nachbarpflanzen wollen aufeinander abgestimmt sein. Ein Pflanzkasten im klassischen Stil mit mehreren Exemplaren von Agave attenuata *auf einem verzierten Blumentisch ergibt ein elegantes Ensemble. Der warme Terrakotta-Farbton harmoniert gut mit der getünchten Wand.*

MODERNER STIL, rechts
In ausgesprochen moderner Umgebung sollten schlichte Pflanzenformen gewählt werden, also große, markante Exemplare – wie diese Carnegiea gigantea *– in schmucklosen Töpfen.*

GARTENANLAGEN

Lassen Sie Ihrer Phantasie freien Lauf, wenn Sie Platz für ein Beet mit guter Drainage haben. Selbst in kühleren Breiten gedeiht ein breites Spektrum von Pflanzen auch draußen (siehe S. 163–166); empfindlichere Arten können, über den Sommer im Topf in die Erde gesenkt, die Jahreszeit betonen.

Beim Gruppieren der Pflanzen sind Größe, Gestalt, Textur und Farbe zu beachten. Bei großen Pflanzen erzielt wohl die Form die stärkste Wirkung, während kleinere Arten – vielleicht in einem Hochbeet dem Auge näher gerückt – eher Unterschiede in Farbe und Textur zur Geltung bringen.

Kombinieren Sie Pflanzen, die nacheinander blühen, um die gewünschte farbliche Abfolge zu erzielen. Überschneiden sich die Blütezeiten, sollten sich die Farben nicht »beißen«. Mit Arten sehr ungewöhnlicher Gestalt und Farbe hält man das Interesse das ganze Jahr über wach: So kontrastieren die kugelige Form, die glänzende Haut und die dünnen Stacheln von *Gymnocalycium horstii* spannungsvoll mit den schlanken, in goldene Dornen gehüllten Trieben von *Mammillaria elongata*.

Neben dem Abdecken des Beets mit geeignetem Material sollte man versuchen, der Bepflanzung mit einigen großen, wohlgeformten Steinen etwas Gewicht und Beständigkeit zu geben. Kakteen und Sukkulenten lassen sich auch mit anderen Pflanzen gruppieren, wenn sie die gleichen Ansprüche stellen. So liefert das tief burgunderrote Blattwerk von *Euphorbia amygdaloides* ›Purpurea‹ einen wunderbaren Hintergrund für die tellerartigen Rosetten von *Aeonium tabuliforme*, und ein Teppich aus immergrünem *Juniperus squamata* ›Blue Star‹ betont die glatten Wachsrosetten von *Sempervivum*.

FORM UND KONTRAST, oben
Die runden Kissen der goldschimmernden Kugelkakteen Echinocactus grusonii *scheinen wie vom Bildhauer geordnet. Ein kühner Kontrast: die senkrechten Linien majestätischer Säulenkakteen.*

PLASTISCHER MITTELPUNKT, unten
Die krakenartig wogenden Blätter der Agave americana ›Marginata‹ *ziehen in dieser Einfassung die Blicke auf sich. Farbiger Hintergrund: das Blütenmeer einer Bougainvillea.*

ZWANGLOS GRUPPIERT
Kakteen und Sukkulenten in zwanglosen Arrangements wirken immer natürlich. Hier betonen die kräftig gerippten Säulenformen die Vertikale, wiederholt im dunklen Turm der Zypresse hinten; niedrige Sukkulenten und andere Pflanzen weben einen kontrastreichen Teppich aus Farben und Texturen.

EINE WÜSTE IM KLEINEN

ARIDE LEBENSRÄUME sind die Heimat der meisten Kakteen und Sukkulenten; mit ihren vielfältigen Formen und Farben bieten sie somit reichlich Möglichkeiten für ein »wüstenhaftes« Arrangement. Mit einer auf lange Sicht geplanten Gruppe kleiner oder langsam wachsender Pflanzen in einer Miniaturwüste an einem hellen Standort im Hause könnten Sie beginnen. Die meisten Arten kommen mit wenig Wasser aus und treten im Winter in eine Ruhephase; Ihre Pflanzen sollten also in dieser Hinsicht geeignet sein. Vermeiden Sie zu kräftiges Gießen, wenn die Gefäße keine Abzugslöcher haben.

PFLANZEN, WERKZEUGE, MATERIAL
Da Kakteen und Sukkulenten nur flach wurzeln, reichen 8 cm tiefe Schalen. So spielt es dann keine Rolle, ob Abzugslöcher vorhanden sind. Die Blumenerde mischt man aus Torf und Splitt.

DAS EINPFLANZEN

1 Wichtig für die Gesundheit der Pflanzen: Das Substrat muß gut entwässern. Dazu zwei Teile Torf mit einem Teil gewaschenem Splitt mischen. Die Schale sodann mit einer dicken Schicht der frischen Blumenerde füllen.

2 Die für das Ensemble vorgesehenen Pflanzen in ihren Töpfen lassen, versuchsweise umgruppieren und beachten, daß sie von allen Seiten betrachtet werden. Dann erst topfen Sie die Pflanzen aus und füllen noch mehr Substrat in die Schale.

AUSDRUCKSKRAFT
Damit die plastische Wirkung voll zur Geltung kommt, sollte das Gefäß nicht zu dicht bepflanzt werden.

3 Mit der größten beginnend, alle Pflanzen austopfen. Bei Kakteen einen Streifen Packpapier um den Stamm wickeln, um sich vor Verletzungen schützen und die Pflanze herausnehmen zu können. Wurzeln ein wenig auszupfen, sodann ein Pflanzloch in die Blumenerde stechen.

4 Die Pflanze einsetzen. Darauf achten, daß sie dieselbe Pflanztiefe wie zuvor im Topf hat. Wurzeln ausbreiten und ringsum mit Erde bedecken. Sind alle Pflanzen eingesetzt, Erde leicht andrücken.

5 Mit einem weichen Pinsel vorsichtig Reste der Blumenerde entfernen, die sich zwischen den Stacheln festgesetzt hat.

6 Ein paar Kieselsteine zwischen den Pflanzen verteilen, anschließend etwas Splitt aufbringen. Die Oberfläche mit Pinsel und Wasser aus dem Zerstäuber reinigen. Drei oder vier Tage stehenlassen, anschließend behutsam gießen.

Das baumartige *Aeonium haworthii* ist der Blickfang der Gruppe.

Kiesel geben dem Arrangement den letzten Schliff.

Die Form der zierlichen *Echeveria*-Rosetten kontrastiert mit dem Kugelkaktus *Mammillaria magnimamma*.

WÜSTENBEWOHNER
Nach der Bepflanzung wird die Gruppe zwei bis drei Jahre gut gedeihen. Danach die Blumenerde erneuern und für das Gefäß zu groß gewordene Pflanzen austauschen.

Bepflanzung von Ampeln

Ein Blickfang sind Ampeln mit Kakteen und Sukkulenten. Am besten wählt man dazu tropische Kakteenarten mit herabgebogenen Sprossen und farbenprächtigen Blüten oder eine der vielen hängenden Sukkulenten. Ein großer Solitär wirkt elegant, eine gemischte Bepflanzung schafft spannungsvolle Kontraste; dabei ist auf gleiche Ansprüche (siehe S. 150–151) und Vegetationszeiten zu achten. Die meisten für Ampeln geeigneten Arten oder Hybriden brauchen Schutz vor starker Sonne; ihnen tut ein Platz unter einer Baumkrone im Garten oder ein indirekt beschienener Standort drinnen gut.

Pflanzen, Werkzeuge, Material
Ein Drahtkorb ist leicht und läßt Gießwasser gut abziehen. In Grün und in Verbindung mit einer Torfmoos-Auskleidung wirkt er natürlich. Eine kleine Untertasse darin verhindert, daß der Fußboden vollgetropft wird. Mehrere Exemplare derselben Art wirken üppig.

Schlumbergera ›Frida‹

Tips für die Ampelbepflanzung

1 Den Korb zum Bepflanzen in einen großen Topf setzen, das gibt festen Halt; die Kette sollte nicht verknotet sein. Den Korb mit Torfmoos auskleiden und fest andrücken, damit sich eine mindestens 5 cm dicke Schicht ergibt.

2 Damit Gießwasser gut abläuft, einen Teil Splitt auf zwei Teile Pflanzerde geben. Untertasse in den Boden der Torfmoos-Auskleidung einsetzen und den Korb zu zwei Dritteln mit dem Splitt-Erde-Gemisch füllen.

3 Die Pflanzen vorsichtig aus dem Topf nehmen, d.h., die Stämme mit Wurzelballen in eine Hand nehmen und den umgekehrten Topf mit der anderen drehen.

4 Oberteil des Wurzelballens festhalten und behutsam einige Wurzeln auszupfen, damit alte, lose Pflanzerde entfernt wird. Wurzeln nicht beschädigen.

5 Pflanzen so in den Korb setzen, daß die Oberseite der Wurzelballen und die Erde auf einer Höhe sind. Den Pflanzen genug Platz zum Wachsen lassen; meist kommt man mit einer Dreiecksanordnung gut aus. Sitzen die Pflanzen richtig, Korb mit Erde auffüllen.

Tonschale
Als Alternative zum Drahtkorb bieten sich Tonschalen an. Sie bilden einen passenden Hintergrund zum Blattwerk und eignen sich vor allem für Wohnräume, weil sie wegen fehlender Abzugslöcher nicht tropfen. Erde nicht zu naß werden lassen.

6 Erde sanft andrücken und einen Gießrand von ca. 1 cm Höhe lassen. Zwei bis drei Tage nicht gießen, damit Wurzelverletzungen verheilen können; sonst könnten sie faulen.

Robuste Ketten tragen auch schwere Ampeln.

Die Blütenfülle läßt im Winter ihre Farben aufleuchten.

Hängender Garten
Den Korb an einem kühlen Ort aufhängen, bis sich Knospen bilden. Wenn er dann am endgültigen Platz hängt, können Sie sich bald an der Blütenpracht erfreuen. Ampeln sind schwer, besonders nach dem Gießen, sie müssen also sicher befestigt sein; mit Seil- oder Kettenrollen lassen sie sich zum Gießen leichter absenken.

IM BLUMENKASTEN

DURCH IHRE STARK PLASTISCHE Wirkung und die sich ergänzenden Farben eignen sich Kakteen und Sukkulenten ideal für die ganz- oder halbjährige Bepflanzung von Blumenkästen. Auch am Fenster zieht eine Vielfalt von Formen, Farben, Größen und Texturen die Blicke auf sich. Natürlich sollten die Pflanzen auch hier ähnliche Ansprüche haben (siehe S. 56–143). Dort, wo mit Frost zu rechnen ist, sollten die Kästen drinnen überwintern.

GEFÄSSE UND MATERIAL
Der Kasten sollte eine Mindesttiefe von 10 cm und Abzugslöcher haben, damit die Pflanzen keine »nassen Füße« bekommen. Eine Schicht aus Tongranulat und der Splitt verbessern die Drainage. Gewaschener Kies gibt der Oberfläche ein natürliches Aussehen.

DAS EINPFLANZEN

1 Splitt und Pflanzerde zu gleichen Teilen mischen. Abzugslöcher mit Scherben abdecken und eine Schicht Blähton einfüllen. Darüber eine Doppellage Packpapier (oder Zeitung) aufbringen.

2 Den Kasten zur Hälfte mit dem Gemisch füllen. Das Papier verhindert ein Verstopfen der Abzugslöcher mit klumpiger Erde; nachdem sich die Pflanzerde gesetzt hat, zerfällt es.

3 Die Pflanzen zunächst probeweise gruppieren. Sehr ansprechend ist, die höheren nach hinten, niedrigere und hängende nach vorn zu setzen; zu starke Symmetrien vermeiden. Das schönste Arrangement schriftlich festhalten.

4 Beim Austopfen die Pflanzen vorsichtig mit einer Hand stützen und dann den Topf stürzen. Bei stachligen Pflanzen Schutzhandschuhe tragen. Wurzelballen etwas lockern, das erleichtert das Einwurzeln in neuer Erde.

5 Die Pflanze in die vorbereitete Vertiefung einsetzen. Darauf achten, daß sie dieselbe Pflanztiefe wie zuvor im Topf hat. Die größeren Pflanzen zuerst einsetzen und genügend Platz zum Ausbreiten lassen. Wurzelballen ringsum mit Erde bedecken, Erde leicht andrücken.

6 Mit einem weichen Pinsel vorsichtig Reste der Blumenerde auf den Blättern oder zwischen den Stacheln entfernen. Ein paar Kieselsteine zwischen den Pflanzen verteilen, die Blätter dabei nicht quetschen. Splitt als Abdeckmaterial verhindert Austrocknen und unansehnliche Grünalgen. Drei oder vier Tage stehenlassen, anschließend behutsam gießen (verhindert Wurzelfäule).

Cleistocactus strausii, ein Säulenkaktus, verleiht dem Arrangement Höhe.

Dunkelviolett getönte Tragblätter von *Aeonium arboreum* ›Atropurpureum‹ verleihen der Gruppe eine besondere Note.

Die Rosetten von *Echeveria elegans* überwachsen schließlich den Rand des Kastens.

Der Letzte Schliff

Diese Kastenbepflanzung erfordert nur geringen Pflegeaufwand, um gesund und ansehnlich zu bleiben. Substrat nach drei bis fünf Jahren erneuern, beschädigte oder zu groß gewordene Pflanzen durch neue ersetzen.

PFLANZEN-KATALOG

Das einmalige Bildwerk mit der ganzen Vielfalt von Kakteen und Sukkulenten enthält genaue Angaben über Herkunft, Bezeichnungen, Größe, Form, Blüten und Früchte, Dornen, Wachstum und Wuchsform, besondere Merkmale und Ansprüche. Die Pflanzen sind alphabetisch nach Gattungen geordnet.

HINWEISE ZUR BENUTZUNG

DER ERSTE TEIL des Pflanzenkatalogs ist den Kakteen, der zweite den Sukkulenten gewidmet. Innerhalb dieser Abschnitte sind die Gattungen alphabetisch nach ihrem lateinischen bzw. botanischen Namen geordnet. Die Bedeutung der verschiedenen Namensteile ist unten beschrieben (siehe Kasten). In jeder Gattung wird eine repräsentative Auswahl von Arten vorgestellt. Die Pflanzen vieler Kakteen- und Sukkulentenarten unterscheiden sich oft stark, während andere Spezies eine einheitliche Erscheinung bieten. Bei den variierenden Arten ist die häufigste Form abgebildet.

AUFBAU DER EINTRÄGE IM KATALOG

Die hier aufgeführten Arten sind meist leicht zu ziehen, haben im Winter eine Ruhephase, können bei passenden Bedingungen drinnen wie draußen gehalten werden und brauchen nur in der Vegetationszeit gegossen zu werden.

Die in den Gattungsbeschreibungen verwendeten Begriffe »rasch-« oder »langsam wachsend« und »klein« bzw. »groß« werden in bezug auf andere Kakteen- und Sukkulentenarten gebraucht.

GATTUNGSNAME Botanischer oder lateinischer Name der Pflanzengruppe.

GATTUNGSBESCHREIBUNG Führt Herkunft und Zahl der Arten in der Gattung sowie die wichtigsten Merkmale auf, z.B. Gestalt und Größe, Dornen, Blüten, Früchte, Wuchsform und Lichtbedarf. Manchmal wird auf volkstümliche Namen, Namensänderungen etc. hingewiesen.

HÖHEN- UND AUSBREITUNGSPROFIL Das Profil veranschaulicht Wachstum, Wuchsform und Größe nach fünf Jahren drinnen im Topf (*oben*) oder nach zehn Jahren im Beet (*unten*). Fünfjahresprofile zeigen das von einem Anfänger im Gewächshaus oder auf dem Fensterbrett zu erzielende Wachstum. Erfahrene Sammler können bessere Ergebnisse erzielen. Die meisten Pflanzen wachsen im Beet rascher als im Topf. Zehnjahresprofile zeigen das wahrscheinliche Wachstum bei geringer Pflege (höhere Werte in dunklerem Grün).

LATEINISCHER PFLANZENNAME Bei Sukkulenten wurde die Klassifizierung des *Lexicon of Succulent Plants* zugrunde gelegt. Maßgeblich für Kakteen ist die CITES *Cactaceae Checklist*. Darin sind keine Namen für Formen und Varietäten aufgeführt, somit sind unterschiedlich aussehende Pflanzen oft unter einer Spezies rubriziert. Sofern hier vorgestellt, wurde ihnen vorläufig der Status einer Form zugewiesen.

DEUTSCHE NAMEN Sofern vorhanden, werden auch diese angegeben.

BILDLEGENDE Die Angaben umfassen Gestalt, Wuchsform, Blütenform (sofern nicht abgebildet), Blütezeit, ungewöhnliche Merkmale und besondere Hinweise zur Kultur. Mit »rasch-« oder »langsam wachsend« bzw. »klein« oder »groß« wird auf für die Gattung untypische Wachstumsraten und Größen hingewiesen. Manche Arten variieren; genannt werden wichtige Varianten in Wuchsform, Größe, Dornbesatz und Blütenfarbe.

GRÖSSE UND TEMPERATUR Nennt die Maximalhöhe (H.) bzw. -länge bei hängenden oder kriechenden Sprossen (L.) sowie die Maximalbreite (B.). Zusammen mit den Profilen ergibt sich damit eine Vorstellung davon, wann eine Pflanze ausgewachsen ist. Manche Pflanzen brauchen vielleicht 100 Jahre, andere nur wenige Jahre.

Ebenfalls angegeben sind die Mindesttemperaturen, bei denen die Pflanze kultiviert werden kann. Für kurze Zeit vertragen Kakteen und Sukkulenten niedrige Temperaturen, jedoch keinen Frost.

PFLANZENNAMEN

Gattung (erstes Wort): Pflanzengruppe mit gemeinsamen Merkmalen im Aufbau der Blüten und Samenkapseln.
Gattungsbastard (mit x bezeichnet): Natürliche oder gezüchtete Kreuzung zweier Gattungen.
Art (zweites Wort): Natürlich vorkommende Pflanzenform der Gattung mit übereinstimmenden wesentlichen Merkmalen.
Varietät (mit einem v. bezeichnet): Pflanze mit leicht abweichendem Bau, oft mit verschiedenem Äußeren.
Form (mit einem f. bezeichnet): Pflanze mit von der Art abweichendem Äußeren, z.B. in der Blütenfarbe.
Hybride oder Zuchtsorte (Sortenname in normaler Schrift und mit einfachen Anführungszeichen): eine Hybride ist eine Kreuzung zwischen zwei Arten einer Gattung; eine Zuchtsorte wird durch Selektion in Kultur gezüchtet.

KAKTEEN

Dieser Abschnitt stellt kleinere und kugelige, zylindrische oder säulenförmige Wüstenkakteen ebenso vor wie hängende oder kletternde tropische Kakteen.

Aporocactus

In Mexikc wächst der wild vorkommende epiphytische Schlangen- oder Peitschenkaktus (siehe S. 10–11) auf Bäumen und in Felsspalten. Er eignet sich gut als Ampelpflanze. Heute gibt es nur zwei echte Arten: Beide bilden schlanke, dicht mit kurzen Büscheln borstiger Dornen besetzte Triebe, die lang herabhängen können. Im Frühjahr unter den ersten blühenden Kakteen, bringen sie eine Fülle kräftig gefärbter, langröhriger Blüten auf vorjährigen Trieben hervor. Leicht zu ziehen, brauchen diese Pflanzen fruchtbare Erde und einen hellen, aber vor Sonne geschützten Standort. Im Winter leicht gießen, alte oder verfärbte Sprossen entfernen, um neuen Austrieb anzuregen.

Länge und Breite

DRINNEN:
5 Jahre alt

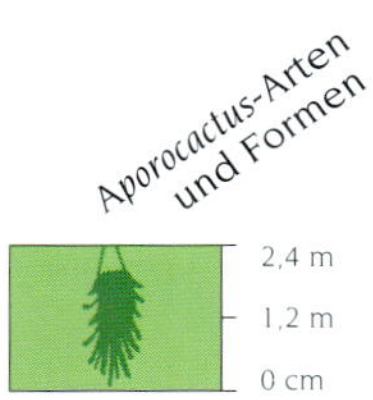

DRAUSSEN:
10 Jahre alt

Kron- und Kelchblätter wachsen in Schichten übereinander.

Aporocactus martianus f. *conzatianum*

Wenngleich nicht so üppig blühend wie *A. flagelliformis*, hat diese Form größere Blüten. Die Sprossen, die meist mit kurzen goldbraunen Dornen dicht besetzt sind, sind auch dicker. Selten bringt die Pflanze Früchte hervor.

L. und B. unbegrenzt. Mind. 6 °C.

Aporocactus flagelliformis f. *flagriformis*

Diese weitere Form der Spezies *A. flagelliformis* besitzt schlankere Sprossen und weniger Dornen. Sie wird seltener als diese kultiviert und verträgt zu starkes Gießen weniger. Wuchsform variiert, Blüten von dunklem Karmesinrosa, Früchte rot.

L. und B. unbegrenzt. Mind. 6 °C.

Aporocactus flagelliformis

Eine ungeheure Pracht entfaltet sich, wenn sich die gefüllten kirschroten Blüten von 5–8 cm Durchmesser öffnen, denen manchmal kleine rote Beeren folgen; die bleistiftdünnen Sprossen sind mit kurzen goldenen Dornen dicht besetzt und wachsen bis zu 30 cm im Jahr. Leichter zu ziehen als *A. martianus*, verträgt Kälte besser.

L. und B. unbegrenzt. Mind. 5 °C.

X APOROPHYLLUM

DIESE GRUPPE IST KEINE ECHTE ART, sondern umfaßt Pflanzen, die durch Kreuzung von *Aporocactus*-Arten mit anderen Epiphyten, vor allem *Epiphyllum*-Hybriden, entstanden sind. Die meisten Merkmale der *Aporophyllum*-Hybriden sind von der Gattung *Aporocactus* ererbt, doch unterscheiden sich die Hybriden durch ihre größeren, breittrichterigen, meist leuchtend-orange, -kirschrot, -scharlachrot und -violett sowie weiß gefärbten Blüten. Die Sprosse werden mehr als 2 m lang und verwurzeln im Boden zu ausgedehnten Matten. Die Pflanzen brauchen Schatten und mindestens 6 °C; sie blühen am besten, wenn sie im Frühjahr und Sommer gedüngt werden. Im Winter leicht gießen. Durch Stecklinge von 15 cm Länge vermehrt, bleibt die Ähnlichkeit mit der Elternpflanze erhalten.

X *Aporophyllum* ›Sussex Pink‹

LÄNGE UND BREITE

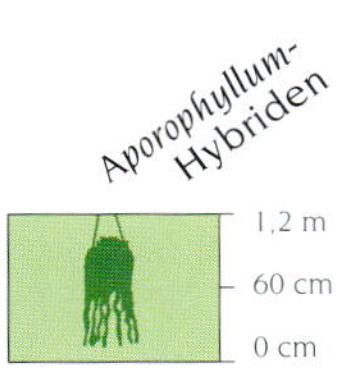

DRINNEN:
5 Jahre alt

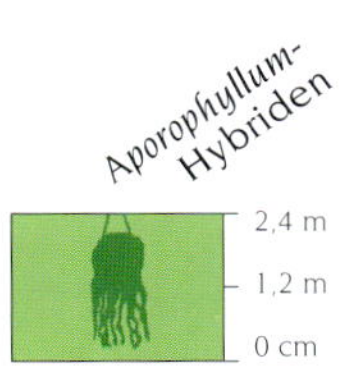

DRAUSSEN:
10 Jahre alt

X *Aporophyllum* ›Dawn‹

X *Aporophyllum* ›Vivide‹

X *Aporophyllum* ›Edna Bellamy‹

ARIOCARPUS

DIE SECHS ARTEN dieses lebenden Fossils aus Südtexas und Mexiko sind gefährdet. Die Pflanzen wachsen langsam und weitgehend unter der Erde, sie besitzen nahezu dornenlose Blattknötchen. Im späten Frühjahr und im Herbst wachsen sie in kurzen Schüben, dann erscheinen auch ihre weißen, gelben, rosa oder roten Blüten und fleischigen Früchte. Besonders reizvoll in kühleren Lagen zu ziehen, müssen die lichthungrigen Kakteen in der Vegetationszeit behutsam gegossen werden: einmal im Frühjahr, nur gelegentlich im Sommer und einige Male gründlich im zeitigen Herbst. Etwas Gartenkalk, unter die Erde gemischt, kommt den Wurzeln zugute. Ausgewachsene Exemplare sind legal selten erhältlich, doch keimen die Samen leicht.

HÖHE UND BREITE

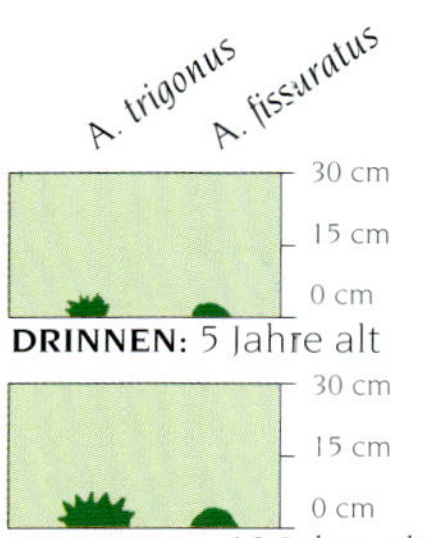

Ariocarpus trigonus

Bei dieser Pflanze ist nur die Rosette aus langen, blattähnlichen Warzenhöckern sichtbar; der flache Körper sitzt in der Erde. Gelbe Blüten und weiße Früchte erscheinen Ringförmig auf dem Scheitel. Oft werden 25 cm ∅ erst mit 100 Jahren erreicht.

H. 10 cm, B. 20 cm. Mind. 7 °C.

Ariocarpus fissuratus

Bei Sammlern begehrt, besitzt diese seltene und seltsame Spezies flache oder gewölbte Rosetten aus dichtstehenden fleischigen Blattknötchen mit wollartigen Dornbüscheln im Zentrum. Die großen, breittrichterigen rosa Blüten halten 3–4 Tage. Der Kaktus braucht oft 50 Jahre, um 15 cm ∅ zu erreichen. Bei zu starkem Gießen fault er sehr leicht.

H. 5 cm, B. 15 cm. Mind. 5 °C.

ASTROPHYTUM

DIESE LICHTHUNGRIGE GATTUNG aus Mexiko umfaßt nur vier Arten, jedoch zahlreiche unterschiedlich aussehende Hybriden. Die meist kleinen, runden, oft weißschuppigen Kakteen variieren stark im Aussehen, vor allem in Art und Zahl der Rippen. Auf dem Scheitel erscheinen im Frühjahr bis Spätsommer immer wieder große, gelbe, strahlige Blüten, die sich bei hellem Licht voll öffnen und lange halten. Die fleischigen grünen Samenkapseln geben hutförmige Samen frei. Der Kaktus wächst langsam und wird nach vielen Jahren säulenförmig. Etwas Gartenkalk in der Erde stärkt Wurzeln und Wuchskraft.

HÖHE UND BREITE

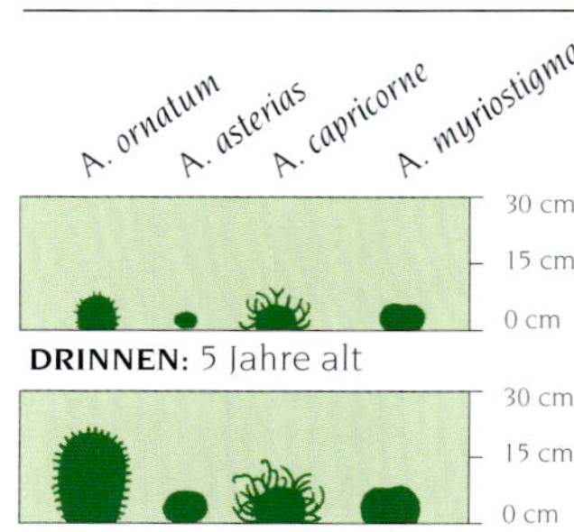

Astrophytum ornatum

Die am schnellsten wachsende und größte Art variiert und trägt nach 5–6 Jahren große Blüten. Die Rippen, meist silbrig geflockt und mit überwiegend hellen gebogenen Dornen, verlaufen leicht gewunden.
H. 1,2 m, B. 20 cm. Mind. 7 °C.

Astrophytum asterias

Seeigelkaktus
Der Rumpf des kleinen stachellosen Kaktus ist grau- bis weißgrün. Er fault bei zu starkem Gießen, deshalb am besten als Pfröpfling ziehen. Nach etwa fünf Jahren erscheinen rotschlundige Blüten. Im Winter, bei trockener Ruhe, schrumpft der flachkugelige Rumpf zur Scheibe.
H. 5 cm, B. 13 cm. Mind. 10 °C.

Astrophytum capricorne

Ziegenhörnige Bischofsmütze, Bockshorn-Astrophytum
Die gebogenen grauen bis braunen Dornen des Kaktus brechen leicht. Der meist dunkle Rumpf ist manchmal weiß gefleckt, die Blüten haben oft einen weinroten Schlund.
H. 1,2 m, B. 10 cm. Mind. 5 °C.

Astrophytum myriostigma

Bischofsmütze
Die Art wird wegen ihres für Kakteen sehr ungewöhnlichen Äußeren geschätzt. Zunächst gedrungen, ist sie mit zehn Jahren so groß wie eine kleine Melone. Der grüne, blaue oder violette Rumpf mit 4–8 Rippen wird schließlich leicht säulenförmig. Die unzähligen kleinen weißen Flocken – eigentlich rudimentäre Dornen – stehen sehr dicht. Ausgewachsene Pflanzen tragen gern 6 cm große Blüten, die 2–3 Tage halten.
H. 15 cm, B. 20 cm. Mind. 5 °C.

CARNEGIEA GIGANTEA

DIESE GATTUNG IST MONOTYPISCH, d.h., zu ihr gehört nur eine Art: der Saguaro-Riesenkaktus. Der im Südwesten der USA und in Nordwestmexiko beheimatete Kaktus bildet oft große Kolonien. Nach rund 150 Jahren hat er die beeindruckende Größe von 12 m erreicht und verzweigt sich ab 3–5 m Höhe kandelaberartig. Im Alter von mindestens 40 Jahren erscheinen zunächst auf dem Scheitel große, trichterförmige, cremeweiße Blüten, aus denen rote, eiförmige, eßbare Früchte hervorgehen. Ausgewachsene Pflanzen produzieren jährlich bis zu zehn Millionen Samen, doch nur ein Sämling unter 50 Millionen überlebt, so daß sich der Saguaro nur alle fünf Jahre fortpflanzt. Das Sammeln ist heute verboten. Glücklicherweise keimen die Samen in Kultur leicht. Die lichthungrige Spezies läßt sich bei Temperaturen von mindestens 5 °C relativ leicht ziehen.

HÖHE UND BREITE

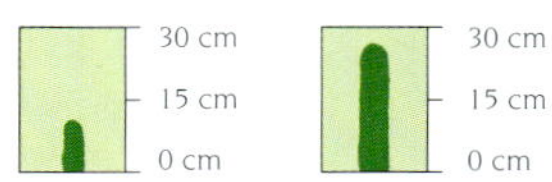

DRINNEN: 5 Jahre alt

DRAUSSEN: 10 Jahre alt

CEPHALOCEREUS

IN DEN TROPISCHEN UND SUBTROPISCHEN Regionen Mexikos heimisch – von der Küste bis zum Gebirge –, umfaßt die Gattung fünf lichthungrige, blaugrüne, langsam wachsende, säulenförmige Arten; dort werden sie bis zu 15 m hoch, in Kultur meist nicht mehr als 90 cm. Die Bedornung variiert, bildet aber manchmal unterhalb des Triebendes ein weißes Pseudocephalium. Trompetenförmige weiße, rosa oder gelbe Sommerblüten blühen nur kurz über Nacht auf mindestens 20 Jahre alten Pflanzen. Die runden Samenkapseln platzen bei Reife auf.

Dornen unterschiedlicher Länge

HÖHE UND BREITE

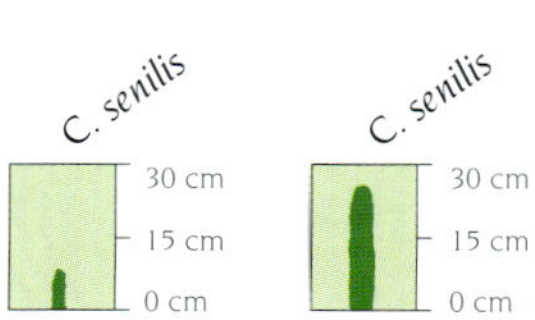

DRINNEN: 5 Jahre alt

DRAUSSEN: 10 Jahre alt

Cephalocereus senilis

Greisenhaupt

Die langen, flaumigen »Dornen« sitzen am Sproßende am dichtesten, vor allem bei sehr alten Exemplaren; dort zeigen sich nachts auch creme- bis rosafarbene Blüten und rosarote Samenkapseln. Bei Verschmutzungen mit einem Kamm reinigen. Der Säulenstamm verzweigt sich selten. Gesundes Wachstum durch Calciumgaben fördern.

H. 15,2 m, B. 30 cm. Mind. 5 °C.

Cereus

Die rund 60, meist grossen, robusten, säulenförmigen Arten dieser Gattung besiedeln unterschiedliche Lebensräume in der karibischen Inselwelt und im Osten Südamerikas. Ihre Stämme, oft blaugrün und bedornt, wachsen im Jahr bis zu 1,2 m und sind baumartig verzweigt. Im Frühjahr oder Sommer erscheinen meist nachts trichterförmige, rosa, weiße oder grüne Blüten, die morgens wieder verblühen. Die eßbaren Früchte sind grün, rot oder violett. Die lichthungrigen Kakteen eignen sich auch gut als Hecke.

Höhe und Breite

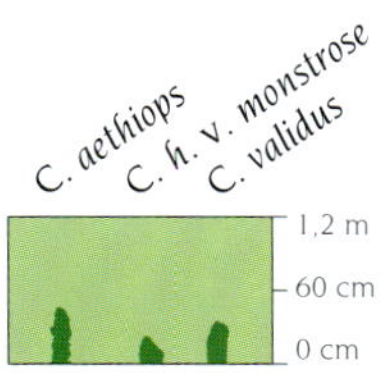

DRINNEN: 5 Jahre alt

DRAUSSEN: 10 Jahre alt

Cereus aethiops

Ausgewachsene Pflanzen bilden prächtige Gruppen hoher, schlanker, blaugrüner Sprosse, die dicht mit markanten schwarzen Dornen besetzt sind. Mit 90–120 cm Höhe blühen sie mehrmals im Sommer nachts. Darauf bilden sich eiförmige, rotbraune Früchte.

H. 3 m, B. 1,2 m. Mind. 7 °C.

Knospen öffnen sich zu weißen oder blaßrosa Blüten.

Cereus hildmannianus v. *monstrose*

Felsenkaktus

Der keulenförmige, »gedrehte« Stamm dieses variierenden, weißblühenden Kaktus verdankt sich deformierter Vegetationspunkte. Er trägt braune Früchte. In kleinen Töpfen ist der Stamm meist gedrungener als beim abgebildeten Exemplar.

H. 5 m, B. 3 m. Mind. 5 °C.

Kurze goldene oder rote Dornen

Cereus validus

Der variierende Kaktus ist ein reizvolles Schaustück und blüht mehrmals im Sommer. Auf Jungtrieben sind die kräftigen Dornen glänzend-schwarz, die Früchte grün-violett. Durch Ableger bildet sich bald eine Gruppe.

H. 7,5 m, B. 3 m.
Mind. 7 °C.

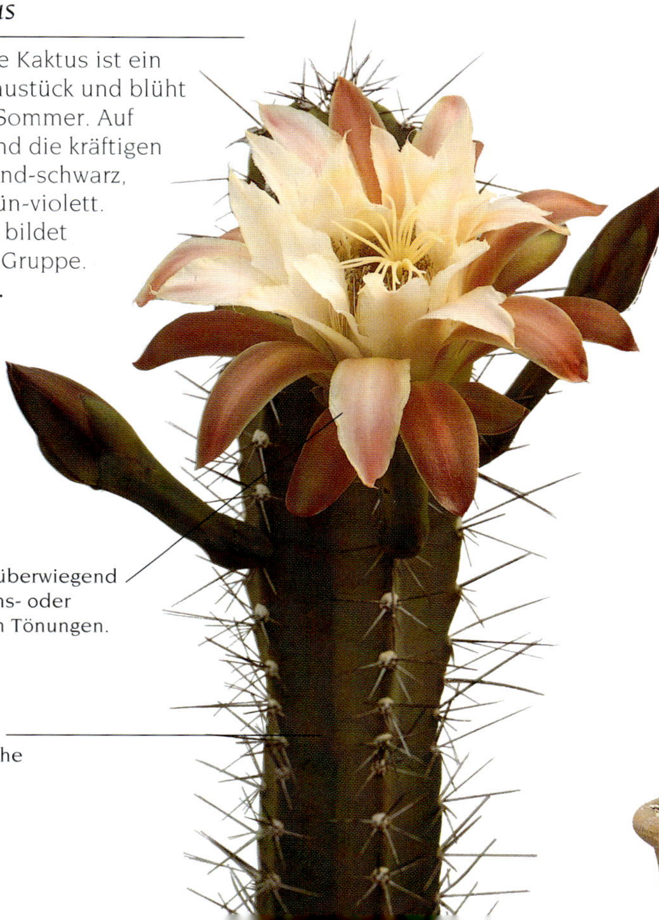

Blüten sind überwiegend weiß mit lachs- oder rosafarbenen Tönungen.

Erste Blüten mit 1,2 m Höhe

CLEISTOCACTUS

EIN WEISS, BEIGE ODER GOLDGELB getöntes Stachelkleid umhüllt diesen verzweigten Säulenkaktus. Die 49 Arten sind in großen Teilen Südamerikas weit verbreitet, von Argentinien bis Uruguay. Manche tragen röhrenförmige Blüten, andere, früher als *Borzicactus* klassifiziert, offenere, schiefsaumige Blüten. Sie haben meist schlankere, sich abwärts biegende Sprosse, die regelrechte »Nester« bilden. Die meisten Arten sind wärmeliebend, schnell wachsend und bringen von Frühjahr bis Herbst eine Fülle von roten, orange, grünen oder goldgelben Blüten hervor. Die runden Beeren sind grün, gelb oder rot.

HÖHE UND BREITE

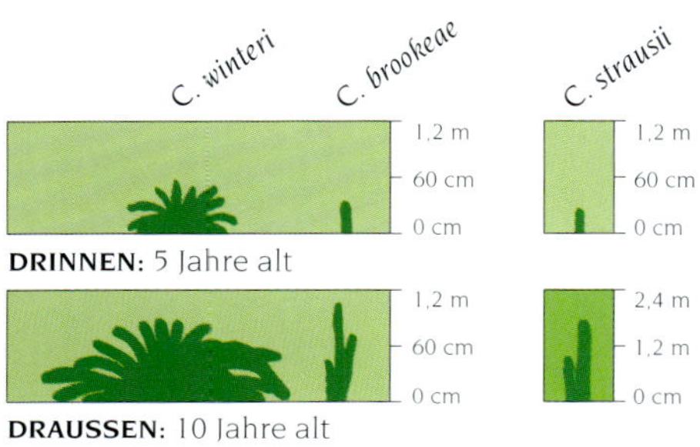

Cleistocactus strausii

Silberkerzenkaktus
Dieser rasch wachsende Kaktus hat auffallende silbrige Dornen. Als Jungpflanze solitär, verzweigen sich die blütentragenden Sprosse und bilden Gruppen. Die Früchte sind grün; die Wurzeln brauchen viel Platz.
H. 3 m, B. 2 m. Mind. 5 °C.

Röhrenförmige Blüten direkt am Sproß

Cleistocactus winteri

Große »Schlangennester« aus langen gebogenen Sprossen, gehüllt in kurze goldene Dornen, machen die Art zur auffälligen Beetpflanze. Die Sprosse können auch cristaten (kammartigen) Wuchs haben (Vordergrund). Ausgewachsene Pflanzen blühen im Frühjahr und Sommer fast ununterbrochen. Früchte grün. Kleinere Pflanzen ideal für Ampeln.
H. 90 cm, B. unbegrenzt. Mind. 7 °C.

Cleistocactus brookeae

Die schlanken, halbaufrechten Sprosse dieser Spezies, im Alter oft niederliegend, haben meist gerade hellgoldene Dornen, bei einer Form dagegen weiße. Im Sommer erscheinen am oberen Sproßteil leicht gekrümmte Blüten, aus denen kleine violette Beeren hervorgehen. Mit der Zeit bildet der Kaktus Gruppen.
H. 1,5 m, B. unbegrenzt. Mind. 5 °C.

COPIAPOA

DIESE GATTUNG LICHTHUNGRIGER, in Chile heimischer Kakteen umfaßt rund 26 Arten. Manche sind kugelförmig mit braunem Rumpf und winzigen Dornen oder blaugrünem Rumpf und kurzen Dornen, andere sind leicht säulenförmig, kräftig bedornt und bilden leicht Ableger. Nach einigen Jahren zeigt sich auf den meisten ein wachsartiger Belag. Alle tragen im Sommer gelbe Blüten, die auf dem wolligen Scheitel erscheinen. Kleine grüne Samenkapseln folgen. Die Pflanzen haben knollenartige Wurzeln, wachsen langsam und bilden Gruppen. Im Winter trocken halten, im Sommer leicht gießen.

Leicht wachsartiger Glanz nach 5–10 Jahren.

HÖHE UND BREITE

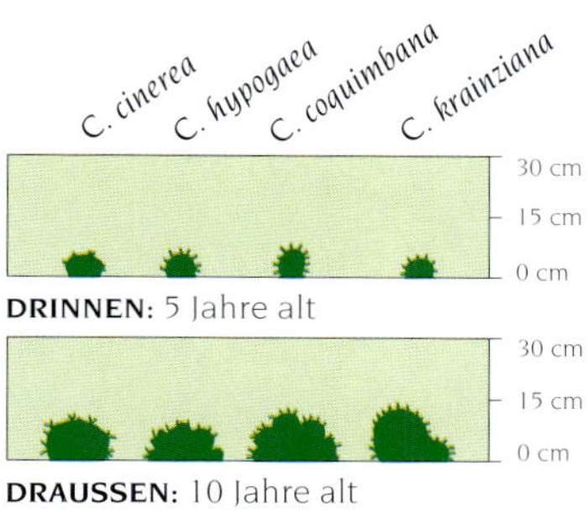

Copiapoa cinerea

Dieser eindrucksvolle Kaktus ist anspruchsvoll. Er variiert in Form, Art der Dornen und Zahl der Rippen. Der große, langsam wachsende Kugelrumpf steht zunächst einzeln. Nur im hohen Alter, wenn er leicht säulenförmig wird, bekommt er Ableger. Goldgelbe, offene Blüten zeigen sich nach rund 20 Jahren.
H. und B. 1,2 m. Mind. 7 °C.

Copiapoa hypogaea

Der kleine graubraune Kugelkaktus blüht bereits mit einem Durchmesser von 5 cm reich. Er hat große filzige Areolen (Dornenpolster) und ist in Form, Farbe und Dornenbesatz sehr variabel. Vor Kälte schützen, um Narbenbildung zu vermeiden.
H. 15 cm, B. 38 cm. Mind. 7 °C.

Copiapoa coquimbana

Als eine der größeren Copiapoa-Arten ist diese reichblühende Pflanze zunächst kugelig, dann leicht säulenförmig und reichsprossend. Farbe und Besatz der geraden Dornen sind veränderlich; meist sind sie dunkel und recht lang.
H. 46 cm, B. 90 cm. Mind. 7 °C.

Copiapoa krainziana

Für diesen kleinen, meist grauen bis grünen Kaktus sind die langen haarigen Dornen typisch. Die weißdornigen Formen müssen erst ausgewachsen sein, bevor sie blühen; Pflanzen mit dunklen Dornen wachsen schneller. Reichsprossend, kissenbildend.
H. 20 cm, B. 30 cm. Mind. 5 °C.

CORYPHANTHA

MIT IHREN FLEISCHIGEN ERHEBUNGEN gehört diese Gattung zu den Warzenkakteen. Die rund 60 kleinen, lichthungrigen Spezies aus dem mittleren und nördlichen Südamerika sind meist dicht bedornt. Manche sind säulenförmig, die meisten aber kugelig mit knolligen Wurzeln. In der Regel blühen sie erst nach einigen Jahren, dann bildet sich im Frühjahr und Sommer ein Blütenkranz glänzender gelber, rosa oder roter Blüten auf dem Scheitel. Daraus entstehen grüne Kapseln mit braunen Samen.

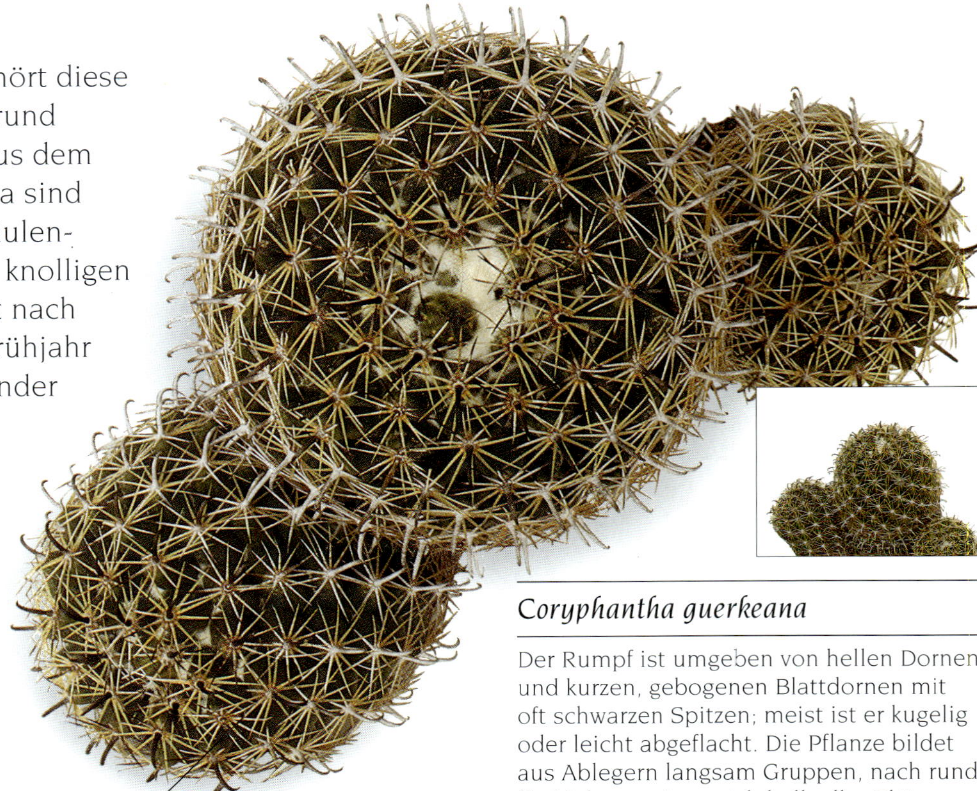

HÖHE UND BREITE

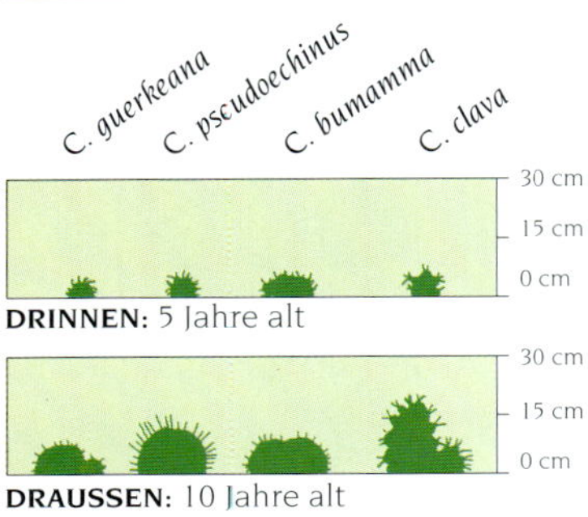

Coryphantha guerkeana

Der Rumpf ist umgeben von hellen Dornen und kurzen, gebogenen Blattdornen mit oft schwarzen Spitzen; meist ist er kugelig oder leicht abgeflacht. Die Pflanze bildet aus Ablegern langsam Gruppen, nach rund fünf Jahren zeigen sich hellgelbe Blüten.
H. 10 cm, B. 20 cm. Mind. 5 °C.

Coryphantha pseudoechinus

Den besonderen Reiz dieser Art machen die Dornen aus, die hell oder rotbraun bis schwarz sein können. Nach fünf Jahren zeigen sich kleine violettrosa Blüten. Der graugrüne Rumpf ist zunächst kugelig, später säulenförmig; meist einzeln, im Alter sprossend.
H. 18 cm, B. 30 cm. Mind. 5 °C.

Coryphantha bumamma

Typisch für diese kugelige Art sind die großen, glänzend grünen Warzen. Die kräftigen Dornen sind gelb, nach rund fünf Jahren erscheinen die ersten goldgelben Blüten. Der langsam wachsende Kaktus ist relativ leicht zu ziehen und sproßt reich. Zur Vermehrung Ableger herauslösen.
H. 13 cm, B. 38 cm. Mind. 5 °C.

Coryphantha clava

Der keulenförmige Kaktus trägt gelbe bis braune Dornen, die später gebrochen weiß werden. Im Alter bildet er Gruppen und bringt goldgelbe Blüten hervor. Die Areolen sondern Saft ab, auf dem sich Schimmel bildet, was sich durch Nebeln im Sommer und Herbst sowie Lüften vermeiden läßt.
H. 38 cm, B. 60 cm. Mind. 5 °C.

ECHINOCACTUS

FRÜHER WURDEN VIELE KAKTEEN mit der Sammelbezeichnung *Echinocactus* (Igelkaktus) belegt, heute werden als Echinocactus nur noch sechs Spezies aus dem Süden der USA und Mexiko klassifiziert. Die weit geöffneten, goldgelben bis violetten Blüten bilden auf dem Scheitel einen Kranz. Die kleineren Arten sind kugelig, die größeren zylindrisch und an *Ferocactus* (siehe S. 74–75) erinnernd. Die bekannteste und am leichtesten zu ziehende Art ist E. *grusonii*; andere Arten bedürfen ständiger Pflege.

HÖHE UND BREITE

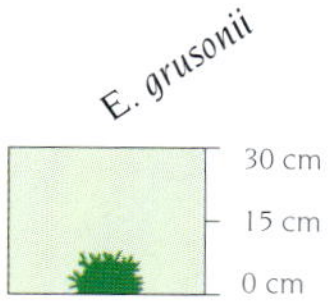

DRINNEN: 5 Jahre alt

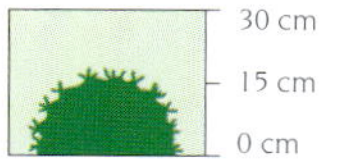

DRAUSSEN: 10 Jahre alt

Echinocactus grusonii

Goldkugelkaktus (Schwiegermutterstuhl)
Goldgelbe Dornen, die ihre Kugelform noch betonen, machen diese Spezies zum idealen Schaustück. Im Topf braucht sie 30–40 Jahre, um die zum Blühen nötigen 38 cm Durchmesser zu erreichen. Auf trichterförmige Blüten im Sommer folgen papierartige Samenkapseln. Im Winter warm und trocken halten.
H. 1,2 m, B. 3 m. Mind. 10 °C.

ECHINOCEREUS

DER SCHÖN BEDORNTE, in Form und Blütenfarbe sehr variable Igelsäulenkaktus ist im Süden der USA und in Mexiko beheimatet; die Gattung umfaßt rund 50 Arten. Dichtbedornte Arten blühen reich und früher als solche mit dünnerem Besatz. Die Blütenknospen bilden sich im Trieb und brechen dann im Frühjahr und Sommer durch. Die meist trichterförmigen Blüten öffnen sich nur in der Sonne voll und halten lange. Die bestachelten Beeren sind grün bis violett. Die Pflanzen brauchen Vollsonne und Düngung im Sommer. Die meisten sind winterhart – viele vertragen sogar leichten Frost –, doch sind sie am blühwilligsten, wenn sie bei 10 °C überwintern. Dichtbedornte Arten können faulen, wenn sie im Frühjahr zu zeitig gegossen werden.

Echinocereus chloranthus

Blüten seltener Farbe sind das Merkmal dieser kleinen, variablen Art: Sie sind bräunlichgrün und erscheinen auf dem Scheitel in großer Zahl. Die Dornenfarbe reicht von rot oder braun bis cremeweiß, die kleinen Beeren sind grün. Die Pflanze braucht trockene Winterruhe.

H. 13 cm, B. 30 cm. Mind. 5 °C.

HÖHE UND BREITE

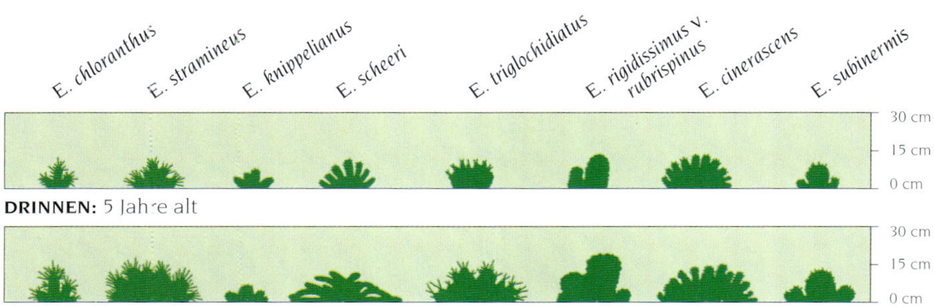

DRINNEN: 5 Jahre alt

DRAUSSEN: 10 Jahre alt

Echinocereus stramineus

Jung ist dieser widerstandsfähige Kaktus kurz und säulenförmig. Seine Blüten – die größten der Gattung – öffnen sich im Frühjahr und erreichen bis zu 15 cm im Durchmesser. Die Stachelfarbe variiert, die Beeren sind weinrot.

H. und B. unbegrenzt. Mind. 5 °C.

Echinocereus knippelianus

Der Kaktus fällt durch kräftige Färbung und Wuchsform auf. Im Frühjahr erscheinen rosa Blüten, später grüne Beeren. In der Natur ziehen die Knollenwurzeln die Pflanze zum Schutz vor heißer Sonne in die Erde.

H. 13 cm, B. 38 cm. Mind. 5 °C.

Echinocereus scheeri

Diese variable Spezies bringt Blüten in Fülle hervor, die sich in der Dämmerung öffnen und tagsüber teilweise schließen. Sie erscheinen an den jungen Trieben und verändern sich später von rosa zu zinnoberrot oder orange; grüne Früchte folgen.
H. und B. unbegrenzt. Mind. 5 °C .

Echinocereus triglochidiatus

Gefurchte Rippen und lebhaft gefärbte Blüten sind typisch für diese Art. Die Blüten und kleinen rosa Beeren erscheinen im Sommer. Länge und Zahl der Dornen sind variabel.
H. 20 cm, B. 60 cm. Mind. 2 °C.

Echinocereus rigidissimus v. *rubrispinus*

Regenbogenkaktus
Der Dornenbesatz ist oft rot bis weiß gebändert. Der aufrechte Trieb bildet langsam Gruppen, doch blühen die jungen Pflanzen bereits reich, im Frühjahr auf dem Scheitel ein Kranz aus rosa bis purpurnen Blüten mit hellem Schlund, darauf grüne Beeren. Braucht lange, trockene Winterruhe.
H. 23 cm, B. 60 cm. Mind. 5 °C .

Echinocereus cinerascens

Wuchs, Dornen und Blütenfarbe dieser Art sind sehr variabel. Sie blüht kaum, bevor sie rund 20–30 cm Durchmesser erreicht hat, dann aber im Frühjahr scheitelnah mit großen Blüten; ihnen folgen grüne, bei Reife weiche Beeren. Der Kaktus bildet große Kissen aus dicken, niederliegenden Trieben.
H. und B. unbegrenzt. Mind. 5 °C.

Echinocereus subinermis

Der kleine Kaktus ist einer der wenigen *Echinocereus* mit gelben Blüten; im Sommer verschwindet er nahezu unter einer großblütigen Pracht, aus der graugrüne Beeren hervorgehen. Die Sprosse haben wenige Rippen und kurze, helle, nadelähnliche Dornen. Relativ leicht zu pflegen, wächst und sproßt die Pflanze aber langsam.
H. 15 cm, B. 38 cm. Mind. 7 °C.

ECHINOPSIS

DIE WUCHSFORM der unempfindlichen Arten dieser Gattung reicht von klein und kugelig bis hochsäulenförmig, wobei auch Blüten und Dornen in Größe und Färbung sehr unterschiedlich sind. Diese Vielfalt verdankt sich der Zusammenfassung der früheren Gattungen *Echinopsis*, *Lobivia*, *Pseudolobivia*, *Soehrensia* und *Trichocereus* – heimisch z. B. in Chile, Argentinien, Ecuador und Peru – zu einer Gattung. Zu den 150 Arten gehören nachtblühende Pflanzen, die mehrmals im Sommer blühen, und andere von Frühjahr bis Sommer tagblühende Spezies, deren Blütenzierde 1–2 Tage hält. Die runden Beeren sind meist grün. Diese Kakteen nehmen etwas Vernachlässigung und an den Nullpunkt heranreichende Temperaturen meist nicht übel.

Echinopsis mamillosa f. *kermesina*

Bei nur 8 cm Durchmesser bringt dieser kleine Kaktus Blüten hervor, die sich in Sommernächten für rund 24 Stunden öffnen. Vor Kälte schützen, um Narben zu verhindern; in voller Sonne ziehen.
H. 30 cm, B. 23 cm.
Mind. 7 °C.

HÖHE UND BREITE

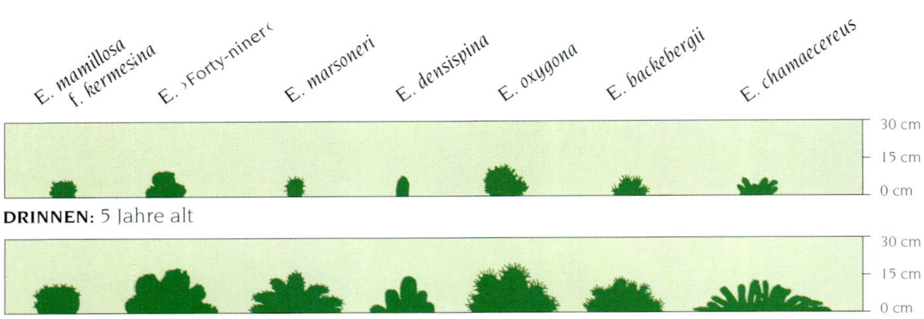

DRINNEN: 5 Jahre alt

DRAUSSEN: 10 Jahre alt

Echinopsis ›Forty-niner‹

Wie alle *Echinopsis*-Hybriden wurde dieser Kugelkaktus gezüchtet, um stattlichere und größere Triebe sowie kräftiger gefärbte Blüten als die der Art zu erzielen. In Abständen öffnen sich die goldgelben Blüten das Frühjahr und den Sommer über in der Dämmerung und verblühen nach 24 Stunden; die Blütenröhre wird bis zu 25 cm lang. Lichthungrig, sehr robust.
H. 30 cm, B. 1,2 m. Mind. 2 °C.

Echinopsis marsoneri

Wuchs und Dornen des kleinen Kaktus sind variabel. Im Sommer erscheinen am Trieb weite, kurzröhrige Blüten mit goldgelbem oder rotem Schlund. Die Pflanze fühlt sich am sonnigen wie am schattigen Platz wohl und wird mit der Zeit niederliegend.
H. und B. 38 cm. Mind. 5 °C.

Echinopsis densispina

Dieser Kaktus wird oft noch mit dem früheren Namen *Lobivia famatimensis* bezeichnet; er blüht mit 2,5–5 cm Höhe. Im Frühjahr und Sommer entfaltet er eine Überfülle an recht großen, trichterförmigen Blüten mit den für *Lobivia* typischen strahligen Kronblättern; die Farbe reicht von weiß, gelb und orange bis rosa, violett oder rot. Die Art bevorzugt Halbschatten, blühend Sonne.
H. und B. 60 cm. Mind. 5 °C.

Echinopsis oxygona

Seit hundert Jahren ist dieser Kaktus weit verbreitet in Kultur, da er robust, leicht zu vermehren und sehr blühwillig ist.
Die lang- röhrigen Blüten – manche duftend – sind weiß bis lavendelfarben und rund 13 cm groß. Sie erscheinen wiederholt im Frühjahr und Sommer und öffnen sich nachts für bis zu 24 Stunden. Die kugeligen Triebe sind meist dunkelgrün, die Dornen schwarz bis weiß.
H. 30 cm, B. 1,2 m. Mind. 5 °C.

Echinopsis backebergii

Dornen, Blüten und Triebe dieser kleinen Kugelkakteen sind von Pflanze zu Pflanze höchst unterschiedlich. Ihre flachen Blüten sind oft rot oder violett mit hellem Schlund und sitzen in großer Zahl um den oberen Sproßteil. Die Dornen können rot, braun, gelb, violett oder grau sein. Für Anfänger ist die Pflanze sehr geeignet, da sie sehr blüh- und vermehrungsfreudig ist. Sie mag Sonne oder Halbschatten.
H. 23 cm, B. 90 cm. Mind. 5 °C.

Echinopsis chamaecereus

Die kleine Pflanze mit den schlanken Trieben und sehr kurzen Dornen verzweigt sich rasch zu Gruppen hängender Sprosse. Sie blüht im späten Frühjahr oder zeitigen Sommer sehr reich mit trichterförmigen Blüten am ganzen Trieb, die sich nur in der Sonne voll öffnen. Kleine, stachlige Beeren. Die Pflanze verträgt etwas Vernachlässigung, bevorzugt Halbschatten und ist leicht durch Ableger zu vermehren.
H. 15 cm, B. unbegrenzt. Mind. 0 °C.

ECHINOPSIS

HÖHE UND BREITE

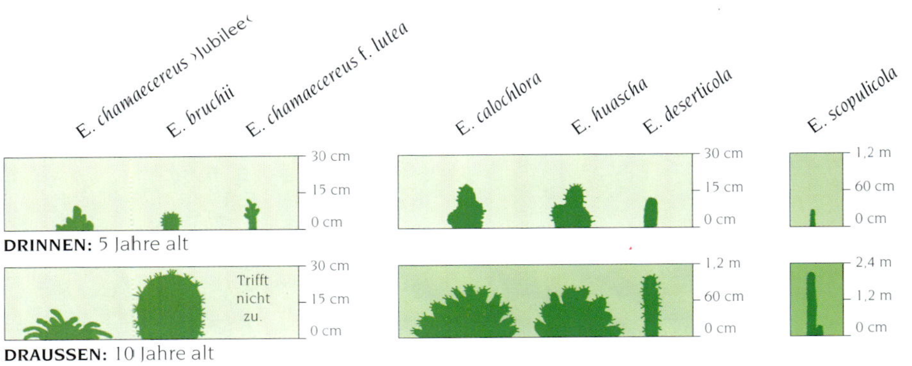

Echinopsis chamaecereus ›Jubilee‹

Diese Hybride von E. *chamaecereus* (siehe S. 69) mit anderer Blütenfarbe ist sogar noch robuster als die Eltern. Ihre Triebe sind etwas kürzer, dicker und weniger brüchig.

H. 15 cm, B. unbegrenzt. Mind. 0 °C.

Echinopsis scopulicola

Im Sommer zieren große Blüten den kräftigen, fast dornenlosen Sproß dieses beeindruckenden Säulenkaktus. Er wächst rasch und bringt mit 1,2 m Höhe Blüten hervor, die sich nachts öffnen und in der Dämmerung vergehen. Die kräftige, lichthungrige Art eignet sich gut als Pfropfunterlage.

H. 2,4 m, B. 90 cm. Mind. 5 °C.

Echinopsis bruchii

Dieser Kaktus ist eine der größeren und rascher wachsenden früheren *Lobivia*-Arten. In voller Sonne erscheinen auf dem Scheitel rote oder orange, weit geöffnete Blüten.

H. 1,2 m, B. 38 cm. Mind. 5 °C.

Echinopsis calochlora

Die zahlreichen trichterförmigen Blüten dieser Spezies erscheinen in verschiedenen Rottönen; im Sommer öffnen sie sich nachts und halten etwa zwei Tage. Die kurzen Dornen sind gelb oder braun. Jung ist der zylindrische Trieb aufrecht, bildet aber rasch dichte Kolonien von Kriechsprossen. Sehr widerstandsfähig bei voller Sonne.

H. 90 cm, B. unbegrenzt. Mind. 5 °C.

Echinopsis huascha

Ausgewachsen bildet die rasch wachsende Art oft dichte Gruppen gekrümmter, langer, dicker, runder Triebe. Zahlreiche verschiedene Formen, manche kompakt, andere niederliegend. Dornen in unterschiedlicher Länge und Färbung von rot oder braun bis goldgelb. Ab 30–38 cm Durchmesser im Sommer zahlreiche rote oder goldgelbe, trichterförmige Blüten. Bevorzugt sonnigen Standort.

H. 90 cm, B. unbegrenzt. Mind. 5 °C.

Echinopsis chamaecereus f. lutea

Die Rarität wird vor allem wegen der bananenartigen Triebe gezogen, denn die roten Blüten erscheinen nur selten. Die Sprosse sind ohne Chlorophyll, daher müssen sie zur Versorgung auf einen grünen Kaktus gepfropft werden. Der schlanke Trieb sproßt langsam. Als Topfpflanze gezogen, braucht er etwas Pflege; vor Sommersonne schützen, um Brandflecken zu vermeiden. Mindesttemperatur hängt von Pfropfunterlage ab.

H. 13 cm, B. 25 cm. Meist mind. 10 °C.

Echinopsis deserticola

Auch sehr klein trägt er oft dunkle Dornen von bis zu 10 cm Länge. Der säulenförmige Trieb wächst rasch, verzweigt aufrecht und wird mit der Zeit ein stattliches Exemplar. Größe, Zahl der Rippen und Dornenbesatz variieren sehr stark. Bevorzugt Sonne, bildet im Alter Kolonien. Im Sommer hellrosa bis weiße Blüten.

H. 2 m, B. 1,2 m. Mind. 7 °C.

EPIPHYLLUM

ALS SAMMELBEZEICHNUNG FÜR DIE GATTUNG ist wegen ihrer blattähnlichen Flachsprossen auch »Blattkaktus«, wegen der gegliederten Triebe »Gliederkaktus« gebräuchlich. Die 20 Arten der mittelgroßen bis großen, nahezu stachellosen *Epiphyten* (siehe S. 10–11) wachsen in den Wipfeln der tropischen Wälder von Mexiko bis zum nördlichen Südamerika. Die oft duftenden Blüten öffnen sich nachts und halten in der Wärme ein paar Stunden, bei kühleren Temperaturen sogar bis zu ein paar Tagen. Die eiförmigen Früchte sind rot oder grün. *Epiphyllum* braucht regelmäßige Düngung ebenso wie warmen Schatten.

LÄNGE UND BREITE

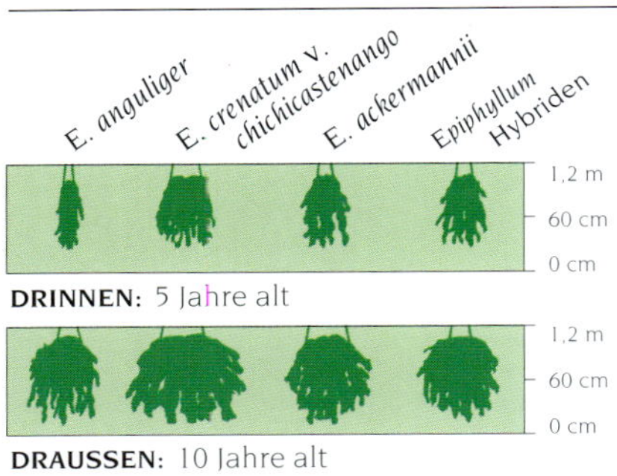

Epiphyllum anguliger

Sägeblattkaktus

Der Artname rührt von den tiefgesägten Trieben her; alle Formen der Spezies weisen dieses Merkmal auf. Die süß duftenden weißen oder cremefarbenen Blüten haben bis 8 cm Durchmesser und gebogene Röhren; sie erscheinen im Sommer und Herbst, gefolgt von grünen Früchten.

L. und B. unbegrenzt. Mind. 7 °C.

Epiphyllum crenatum v. *chichicastenango*

Als Ampelpflanze ist dieser buschige Kaktus recht kompakt, im Topf aber hoch und breit. Die merkwürdig asymmetrischen, eingedrückten flachen Triebe sind zunächst aufrecht, bilden dann überhängend Kolonien. Große, süß duftende Blüten im Frühjahr und Sommer.

L. und B. unbegrenzt. Mind. 7 °C.

Epiphyllum ackermannii

Als einzige *Epiphyllum*-Art mit lebhaft gefärbten und nicht weißen oder cremefarbenen Blüten war die Gattungszuordnung dieser in Costa Rica heimischen Pflanze lange Zeit strittig; sie wird zudem mit einer frühen, rotblumigen Hybride desselben Namens verwechselt. Die Kletterpflanze erobert sich rasch Stämme und Mauern, bildet aber auch breite Gruppen mit hängenden Trieben. Wo Feuchtigkeit ist, bilden sich Luftwurzeln. Trompetenförmige Blüten im Frühjahr und Sommer, gefolgt von grünen Früchten.

L. und B. unbegrenzt. Mind. 5 °C

Epiphyllum-Hybriden

Durch Kreuzung von *Epiphyllum*-Arten, oft mit anderen meist epiphytischen Kakteen, entstanden Tausende von Hybriden: größere, langlebigere und mit breiterer Farbpalette. Die Blüten sind durchschnittlich 13–20 cm groß, die größten 38 cm; bei vielen ist die Färbung von Licht und Temperatur abhängig. Großblütige Hybriden müssen schon eine gewisse Höhe erreicht haben, bevor sie maximale Blüten hervorbringen. Die Kulturansprüche der Hybriden sind denen der Arten ähnlich, sie brauchen für eine ausgedehntere Vegetationszeit und volle Blütenentfaltung jedoch mehr Wärme. Im Frühjahr genommene Ableger von 15–20 cm blühen meist nach 1–2 Jahren. Für größere Pflanzen mehrere zusammensetzen.

L. und B. unbegrenzt. Mind. 7 °C.

Epiphyllum ›Reward‹

Epiphyllum ›Lynda Ann‹

Epiphyllum ›J. T. Barber‹

Epiphyllum ›Fantasy‹

Epiphyllum ›Fortuna‹

Epiphyllum ›Ignescens‹

Epiphyllum ›Jennifer Ann‹

Epiphyllum ›Hollywood‹

ESPOSTOA

DIE GROSSEN SÄULIGEN SPEZIES dieser Gruppe mit vielen Varietäten stammen aus den Anden Südecuadors und Nordperus. Die meisten sind in eine weiße, wollige Behaarung gehüllt, aus der nadelartige Dornen herausragen. Jungtriebe sind in der Regel wollig. Nach 10–30 Jahren bildet sich einseitig auf dem Scheitel das Pseudocephalium, eine behaarte Zone (siehe S. 12). Darauf erscheinen im Frühjahr und Sommer nachtblühende, trichterförmige, meist weiße und zuweilen unangenehm riechende, nur kurz offene Blüten – wenngleich in Kultur seltener. Die Frucht ist rot, gelb oder grün. Meist langsam wachsend, entwickeln manche der 16 Arten nach vielen Jahren baumartig verzweigte Kronen. Sie gedeihen am besten in sehr durchlässigem Substrat bei voller Sonne; zu starkes Gießen wegen Fäulnisgefahr vermeiden.

HÖHE UND BREITE

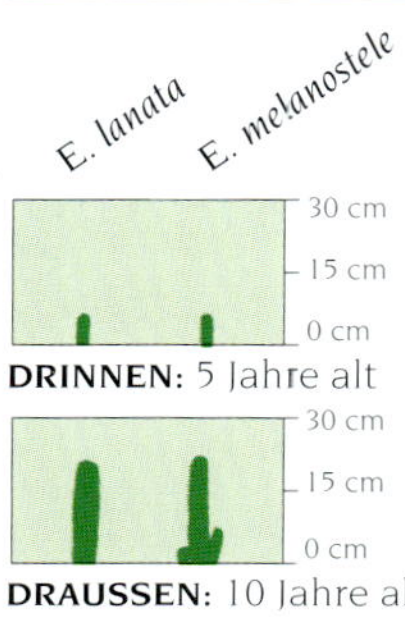

Espostoa lanata

Der eindrucksvolle Kaktus entwickelt höhere und schlankere Haupttriebe als andere Arten der Gattung. Recht breite, trichterige, weiße Blüten mit unangenehmem Geruch treten auf, wenn die Pflanze 90 cm Höhe erreicht hat. Die Frucht ist kirschenartig rot.

H. 3,7 m, B. 90 cm. Mind. 5 °C.

Espostoa melanostele

Oft mit kürzerem, dickerem Trieb als andere Arten, verzweigt sich diese variable Pflanze mit der Zeit an der Basis. Der ausgewachsene Trieb kann völlig wollig umsponnen sein. Nach 15 Jahren treten weiße Blüten und rote Beeren auf. Nicht zu stark gießen.

H. 2,1 m, B. 90 cm. Mind. 5 °C.

Ferocactus

Der kugelige bis gedrückt-runde Wüstenkaktus mit den hakenförmigen Dornen ist im Süden der USA und Mexiko heimisch. Die Gattung umfaßt rund 35 Arten. Am Scheitel erscheinen meist im Sommer große, kurzglockige bis trichterförmige, gelbe bis purpurfarbene Blüten und kleine, klebrige, gelbe Früchte. Der Körper sondert im Sommer und Herbst eine zuckrige Lösung ab, die Ameisen zur Bestäubung anlockt; bei Zimmerpflanzen abspülen, um Schimmelbildung zu vermeiden.

Höhe und Breite

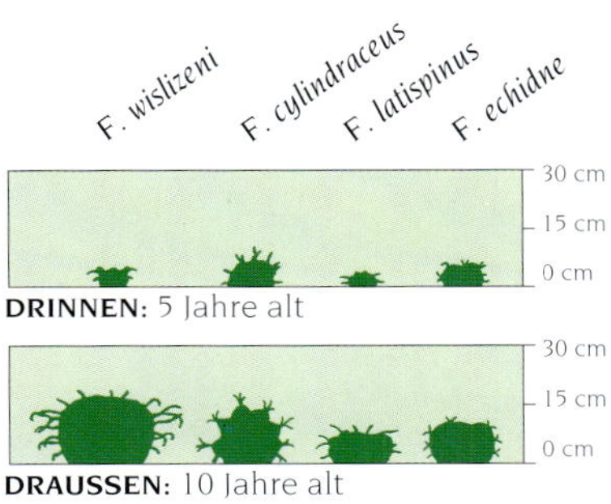

Ferocactus wislizeni

Der große, weiß bis rosa bedornte Kaktus trägt bei 30 cm Größe gelbliche, orange oder rote Blüten und wird im Alter leicht säulenförmig. Er nimmt es nicht übel, wenn er einmal vernachlässigt wird.

H. 3 m, B. 90 cm. Mind. 5 °C.

Ferocactus cylindraceus

Teufels-Nadelkissen

Im Alter wird der Besatz an oft langen, gebogenen, auf dem Scheitel feuerroten Dornen dichter. In der Natur säulig, bleibt der Kaktus in Kultur zylindrisch. Die glockigen Blüten sind orange oder gelb.

H. 3 m, B. 90 cm. Mind. 5 °C.

Ferocactus latispinus

Im Alter werden die strohgelben bis roten Dornen dieses langsam wachsenden, kugeligen bis gedrückt-runden Kaktus breiter und hakenförmig und liegen flach am Körper an. Im Frühjahr und Herbst erscheinen creme- bis purpurfarbene Blüten.

H. und B. 30 cm. Mind. 5 °C.

Ferocactus echidne

Die kugelige Art ist eine der kleineren *Ferocactus* und hat meist deutlich ausgeprägte Rippen sowie relativ wenige gerade, hellgelbe Dornen. Die Pflanze blüht meist ab einem Durchmesser von rund 13 cm.

H. 25 cm, B. 38 cm. Mind. 5 °C.

GYMNOCALYCIUM

DAS FARBSPEKTRUM DIESER KLEINEN kugeligen Kakteen reicht von Blaugrün über Grau bis Braun. Oft tragen sie metallisch wirkende Knospen und sind bereits jung sehr blühwillig. Die äußerst variable Gattung umfaßt rund 80 Arten. In südamerikanischen Ländern gedeihen sie, wild vorkommend, im Schatten; man sollte sie also vor Vollsonne schützen, um Brandflecken und Verwachsungen zu vermeiden. Vom späten Frühjahr bis in den Sommer bringen die meisten Arten am Scheitel wiederholt trichterförmige Blüten hervor, die sich nur am hellen Platz voll öffnen. Die eiförmigen Früchte sind grün, blau oder rot.

HÖHE UND BREITE

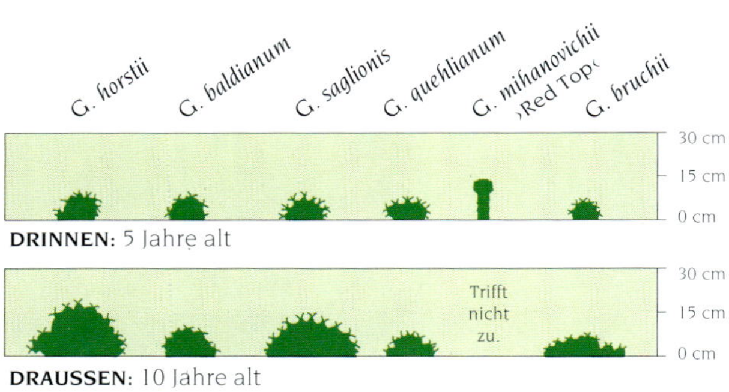

Gymnocalycium horstii

Eine geringe Anzahl Rippen und Areolen lassen diese Art gedrungen und kräftig wirken. Die Frucht ist wachsartig und grün. Vor Frost schützen (Narbenbildung!).
H. 20 cm, B. 60 cm. Mind. 7 °C.

Gymnocalycium baldianum

Eine der Arten mit auffallenden tiefroten, rosa oder purpurnen Blüten, die die Pflanze bereits mit nur 2,5 cm Größe im Frühsommer hervorbringt. Frucht länglich, grün. Der kugelige Körper trägt leicht gekrümmte, hornfarbene Dornen. Viele Hybriden mit breitem Spektrum an Blütenfarben.
H. 13 cm, B. 30 cm. Mind. 5 °C.

Gymnocalycium saglionis

Einer der größten Kakteen der Gattung mit kugelig-gedrücktem Körper. Der solitär sprossende, silber- oder olivgrüne Körper kontrastiert reizvoll mit schwarzen, weißen oder rotbraunen Dornen. Rosa Sommerblüten und hellrote, runde Früchte. Die Pflanze bevorzugt Sonne.
H. 25 cm, B. 38 cm. Mind. 9 °C.

Gymnocalycium quehlianum

Die variable Art wird seit vielen Jahren kultiviert. Der Körper ist graugrün und trägt metallisch wirkende Knospen, die sich im Sommer zu weißen Blüten mit rotem Schlund entwickeln. Die geraden Dornen sind grau-braun, die Frucht grün. Sonne bis Halbschatten. Langsam gruppenbildend.
H. 13 cm, B. 30 cm. Mind. 5 °C.

Gymnocalycium mihanovichii ›Red Top‹

Um diese Zuchtsorte mit den leuchtenden Farben zu schaffen, wurde das Chlorophyll herausgekreuzt; zur Versorgung wird der Körper auf eine grüne Unterlage gepfropft. Die rosa Sommerblüten sind rar. Weitere Zuchtsorten mit anders gefärbtem Körper. Nicht der direkten Sonne aussetzen; der zarte Körper könnte Brandflecken bekommen, die Farbe verbleicht.

H. und B. 15 cm. Mind. 10–16 °C.

Gymnocalycium bruchii

Dieser abgeflacht-kugelige, meist grüne Kaktus bringt bereits mit 2,5 cm Größe glockige oder trichterförmige Frühjahrsblüten hervor. Bei sehr variabler Form trägt er gerade oder gebogene, weiße, borstige Dornen und grüne Früchte. Langsam wachsend, bildet er mit der Zeit dichte Gruppen. Die Pflanze bevorzugt Sonne oder Halbschatten.

H. 13 cm, B. 46 cm. Mind. 5 °C.

LEUCHTENBERGIA PRINCIPIS

DIE GATTUNG UMFASST NUR EINE ART: Eine sehr langsam wachsende Spezies aus Mexiko mit Rübenwurzel, die eng mit *Ferocactus* verwandt (siehe S. 75) ist. Sie hat extrem lange Warzen, die dicht spiralig angeordnet sind und von der Spitze her absterben, zuletzt verschwinden. Nach rund acht Jahren treten an den Warzenspitzen gelbe Blüten, danach glatte grüne Früchte auf. Im Alter verholzt die Basis. Obwohl sie anspruchsvoll ist, bildet die Pflanze bei voller Sonne und einer Mindesttemperatur von 5 °C schließlich doch Ableger. Ausgewachsene Exemplare erreichen 20 cm Höhe und 60 cm Durchmesser.

HÖHE UND BREITE

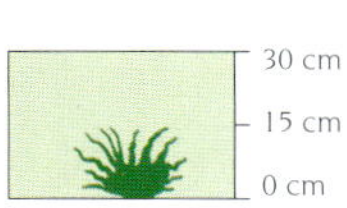

DRINNEN:
5 Jahre alt

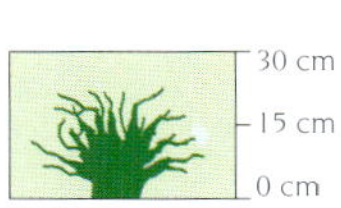

DRAUSSEN:
10 Jahre alt

MAMMILLARIA

DIE MEISTEN ARTEN der Gattung sind enorm blühwillig und deshalb sehr beliebt. Manche haben fingerartige Triebe, die meisten Arten aber sind klein, kugelig und dicht mit Dornen besetzt. Bereits im zarten Alter tragen die meisten Spezies im Frühjahr oder Frühsommer auf dem Scheitel Kränze schöner Blüten und blühen später ein zweites oder gar drittes Mal. Die Samenkapseln sind rot. Heimat der rund 250 Arten sind Mexiko, Kolumbien, Guatemala, Honduras, die südlichen USA, Venezuela und die karibische Inselwelt.

Mammillaria longiflora

Seiner farbenprächtigen, manchmal gebänderten rosafarbenen, mehr als 2,5 cm großen Blüten wegen lohnt es sich, diesen Kaktus zu ziehen – er ist im Frühjahr meist der erste Blüher. Die langen, hakenförmigen Dornen sind rötlich braun oder gelb. In der Winterruhe braucht er Trockenheit; bei zu starkem Gießen Fäulnisgefahr.

H. 15 cm, B. 30 cm. Mind. 5 °C.

HÖHE UND BREITE

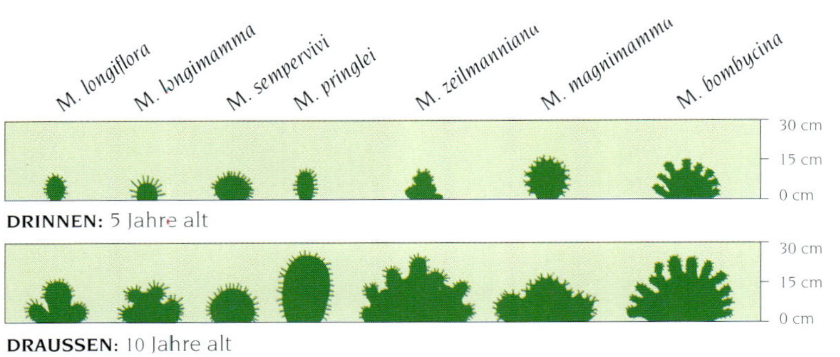

Mammillaria longimamma

Im späten Frühjahr trägt dieser kleine Kaktus in Scheitelnähe große buttergelbe Blüten mit recht breiten Kronblättern. Die grüne, noch unreife Frucht ähnelt den langen fleischigen Warzen. Wie viele andere *Mammillaria*-Spezies hat auch diese Art eine große Rübenwurzel, die bei zu starkem Gießen leicht fault.

H. 15 cm, B. 60 cm. Mind. 5 °C.

Mammillaria sempervivi

Gestalt und Farbe dieses Kaktus sind veränderlich. Die Frühjahrsblüten sind meist kirschrot, die kurzen Dornen werden mit der Zeit weiß. Der gedrückt-kugelige Körper steht bis zum Alter von 20–30 Jahren meist einzeln und bildet dann Ableger. Ältere Exemplare können so wollig behaart sein, daß sie wie Puderquasten aussehen.

H. und B. 20 cm. Mind. 5 °C.

Mammillaria pringlei

Die Art ist meist dicht goldgelb bedornt. Sie trägt im Frühjahr – oft auch Herbst – Kränze kirschroter Blüten. Nach vielen Jahren wird der Körper leicht säulig und schließlich niederliegend; ausgewachsen oft mit verzweigten Sproßenden.
H. 30 cm, B. 1,2 m. Mind. 5 °C.

Mammillaria zeilmanniana

Mit nur 6 mm Durchmesser trägt die Art bereits kräftig-karmesinrosa Frühjahrsblüten. Der violett-schwarze Körper entwickelt sich rasch zur vielköpfigen Pflanze. Verträgt im Winter keine Feuchtigkeit.
H. 15 cm, B. 60 cm. Mind. 5 °C.

Mammillaria magnimamma

Als eine der unkompliziertesten Mammillarien bevorzugt diese Spezies Sonne; sie trägt Dornen unterschiedlicher Länge, Form und Farbe sowie ausgeprägte, manchmal kantige Warzen. Ein Kranz hellrosa bis violetter Blüten erscheint im Frühjahr. Bildet zahlreiche Ableger. Wegen vieler Varietäten auch mit anderen Namen belegt.
H. 30 cm, B. 90 cm. Mind. 5 °C.

Mammillaria bombycina

Zierliche rosa bis kirschrote Blüten und rote, braune oder gelbe hakenförmige Dornen, die durch eine weiche weiße Behaarung dringen, machen den Reiz dieser Pflanze aus. Sie blüht erst, wenn sie rund 8 cm Durchmesser erreicht hat. Meist kugelig, bildet sie reichlich Ableger.
H. 30 cm, B. unbegrenzt. Mind. 5 °C.

MAMMILLARIA

HÖHE UND BREITE

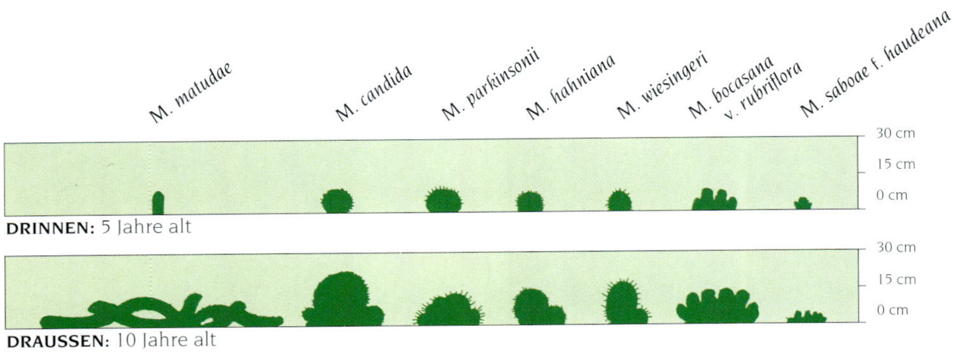

Mammillaria candida

Reinweiße Mammilaria
In dichte weiße Dornen – oft mit rosa Spitzen – gehüllt, treten am Scheitel meist nacheinander ringförmig angeordnete Frühjahrsblüten auf. Sie sind zunächst cremefarben und werden mit zunehmendem Alter erst rosa und dann braun. Die zunächst einzeln wachsende Pflanze bildet langsam Ableger und schließlich Kolonien. Zur Blüte sind zusätzliche Calciumgaben nötig: einen Teelöffel Gartenkalk unter das Substrat mischen.

H. 25 cm, B. 60 cm. Mind. 5 °C.

Mammillaria parkinsonii

Diese Art bildet viele Formen, hat im allgemeinen aber weiße, schwarzspitzige Dornen. Der meist kugelige Körper entwickelt sich langsam zur großen Pflanze, indem er an den Sproßspitzen je zwei neue Triebe bildet. Die Anordnung der dunkel-spitzigen Dornen um den Scheitel der Jungtriebe läßt an Eulenaugen denken. Im Frühjahr erscheinen um den Vegetationspunkt rosa- oder cremefarbene Blüten.

H. 15 cm, B. unbegrenzt. Mind. 5 °C.

Mammillaria hahniana

Auf kirschrote Blüten folgen im Frühjahr gedrungene rote Kapseln, die ringförmig-konzentrisch auf dem Scheitel stehen. Dornen mitunter lang, gedreht, haarähnlich und weiß. Zunächst einzeln stehend, später Ableger oder Verzweigungen an der Triebspitze.

H. 20 cm, B. 60 cm. Mind. 5 °C.

Mammillaria matudae

Ausgewachsene Exemplare entwickeln sich oft zu einer Kolonie langer, sich schlängelnder Triebe, die den stärksten Eindruck draußen im Beet erzielen. Die Sprosse können auch kurz und dick sein. Jung ist die Pflanze säulenförmig und einzeln stehend. Länge und Dichte der Dornen variieren, meist ist die Färbung braun. Erst vierjährige und 8–10 cm hohe Exemplare blühen im Frühjahr reich.

H. 15 cm, B. 2,1 m. Mind. 5 °C.

Mammillaria wiesingeri

Die Pflanze blüht oft zweimal, im Frühjahr und Herbst, mit leuchtend wein- oder kirschroten, gelbschlundigen Blüten. Sie stehen in scheitelnahen Kränzen auf dem kurzen, säuligen Sproß. Die geraden Dornen sind braun. Der zunächst einzeln stehende Kaktus bildet später Kolonien.

H. 20 cm, B. 30 cm. Mind. 5 °C.

Mammillaria bocasana v. *rubriflora*

Diese Form ist weniger verbreitet als die Art mit cremefarbenen Blüten und trägt von Frühjahr bis Herbst immer wieder rosa oder rote Blüten. Strohfarbene oder rote Dornen sitzen auf langen Warzen, die weiß und zart-wollig umhüllt sind. Bei Kälte und Nässe Fäulnisgefahr.

H. 20 cm, B. 60 cm. Mind. 5 °C.

Mammillaria saboae f. *haudeana*

Relativ neu in Kultur, bringt diese winzige Art große, dunkelrosa bis violette, bis zu 4 cm große Sommerblüten hervor. Die Frucht entwickelt sich im Trieb und erscheint, wenn die alten Warzen an der Basis verkümmern. Der langsam wachsende Kaktus bildet mit der Zeit niedrige, dichte Gruppen. Er gedeiht als Pfröpfling (kleines Foto) und kann bei Winterfeuchtigkeit faulen

H. 5 cm, B. 30 cm. Mind. 5 °C.

MATUCANA

DIE IN PERU HEIMISCHE Gattung umfaßt kugelige und kurzsäulige Pflanzen, deren Dornen in Länge, Farbe und Dichte variieren. Die kugeligen Arten blühen bereits, wenn sie noch recht klein und erst 3–5 Jahre alt sind, die größeren Spezies müssen erst 15 cm Höhe erreichen. Sie blühen im Frühjahr oder Sommer, manchmal beide Blütezeiten hindurch. Die langröhrigen Blüten sind oft schiefsaumig und gelb bis scharlachrot gefärbt. Die kleine, grüne, runde Frucht gibt bei Reife den Samen frei. Die meisten der rund zwanzig Arten bevorzugen Sonne. Temperatur nicht unter 10 °C sinken lassen, um unansehnliche Kälteschäden und Fäule zu vermeiden. Die früheren Gattungen *Submatucana* und verschiedene *Borzicactus* sind nun als *Matucana* klassifiziert.

HÖHE UND BREITE

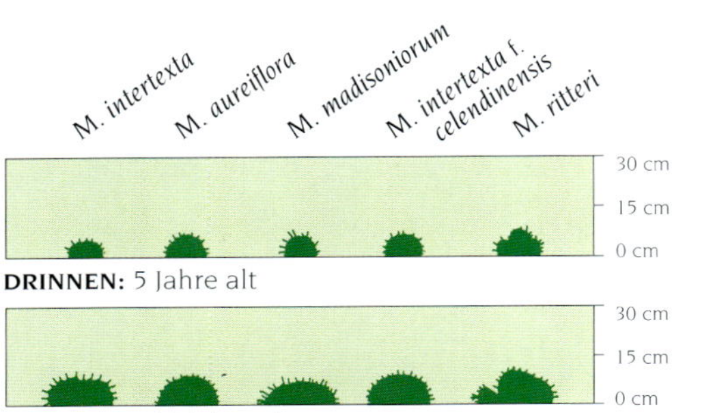

Matucana intertexta

Der kleine, variierende Kaktus hat hellbraune, nadelartige Dornen und rote oder orange Blüten, die im Frühjahr und Sommer manchmal einzeln am Scheitel erscheinen. Ausgewachsen kann die Pflanze Gruppen bilden.

H. 10 cm, B. 20 cm. Mind. 10 °C.

Matucana aureiflora

Am Scheitel wachsen auf den Warzenspitzen rudimentäre Blätter. Im Frühjahr und Sommer treten in Abständen immer wieder Büschel goldgelber Blüten auf, auch bereits in der Jugend.

H. 10 cm, B. 20 cm. Mind. 10 °C.

Matucana madisoniorum

Die jüngeren Exemplare dieses glatten, nahezu dornenlosen, kugeligen, blaugrünen Kaktus sind am auffälligsten. Die wenigen Dornen sind leicht gekrümmt oder nadelartig. Im Sommer leuchtendrote Blüten.

H. 15 cm, B. 10 cm. Mind. 10 °C.

Matucana intertexta f. *celendinensis*

Früher *Borzicactus celendinensis*, handelt es sich um eine äußerlich sehr ähnliche Form von M. *intertexta*. Der Hauptunterschied liegt in der Blütenfarbe.

H. 10 cm, B. 20 cm. Mind. 10 °C.

Matucana ritteri

Im Alter von etwa fünf Jahren erscheinen im Sommer zinnoberrote Blüten. Der Kaktus hat nadelartige, hellbraune Dornen unterschiedlicher Länge. Die Art ist eng mit M. *intertexta* verwandt und hat einen kleinen, kugeligen Körper, der langsam sproßt.
H. 10 cm, B. 20 cm. Mind. 10 °C.

MELOCACTUS

WENN SICH AUF DEM blühreifen kugeligen Körper dieses bizzaren Kaktus ein *Cephalium* (Haarschopf) bildet, stellt der Haupttrieb sein Wachstum ein. Auf dem Scheitel erscheinen zahlreiche kleine, meist rote oder violette Blüten, jedoch nur kurze Zeit. Die Dornen variieren in Form und Farbe stark. Die ca. 40 reizvollen variablen Spezies wachsen in Töpfen nur langsam. Ihre Heimat ist die karibische Inselwelt, Mexiko und das nördliche Südamerika; heute sind die Arten gefährdet.

HÖHE UND BREITE

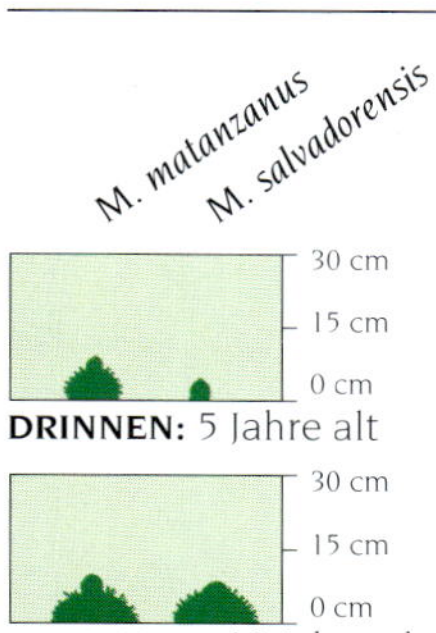

Dichte, rostrote Borsten auf seltenem doppelten Cephalium

Rötliche Dornen, im Alter verblassend

Melocactus matanzanus

Die auffällige Spezies trägt im Sommer dunkelrosa Blüten und rosa Beerenfrüchte. Sie gedeiht bei Sonne und Schatten und wächst an kubanischen Küsten nur nach heftigem, das Salz ausspülendem Regen.
H. und B. 13 cm. Mind. 16 °C.

Melocactus salvadorensis

Nach sieben Jahren bildet sich auf dem kleinen Kaktus das Cephalium. Die Art variiert stark, hat jedoch meist einen grünen, halbkugeligen Körper mit rötlichen, nadeligen Dornen. Im Sommer erscheinen rosa bis kirschrote Blüten. Die Frucht ist groß und rot. Der Kaktus gedeiht in Sonne oder Schatten gut.
H. 13 cm, B. 18 cm. Mind. 16 °C.

NEOPORTERIA

DIESE GROSSE KAKTEENGRUPPE mit stark unterschiedlichen Pflanzen aus dem westlichen Südamerika hat Sammler jahrelang verwirrt und wurde kürzlich neu in ca. 30 Arten systematisiert. Meist handelt es sich um kleine, graue bis braune und in der Form sehr unterschiedliche Kakteen, die im Frühjahr, Sommer oder Herbst reich blühen. Die großen, weit geöffneten Blüten sind meist zweifarbig rosa und gelb, die zylindrische Frucht ist rot oder grün. Wenn möglich, bei mindestens 10 °C kultivieren und im Winter gelegentlich gießen, um Narbenbildung vorzubeugen.

Neoporteria subgibbosa f. *litoralis*

Der Kaktus hat weiße, strohfarbene oder braune Dornen und blüht bereits jung, im Herbst oder im Frühjahr. Der kugelige Körper wird später säulenförmig und schließlich teilweise niederliegend. Frucht rot.
H. 90 cm, B. 13 cm. Mind. 7 °C.

HÖHE UND BREITE

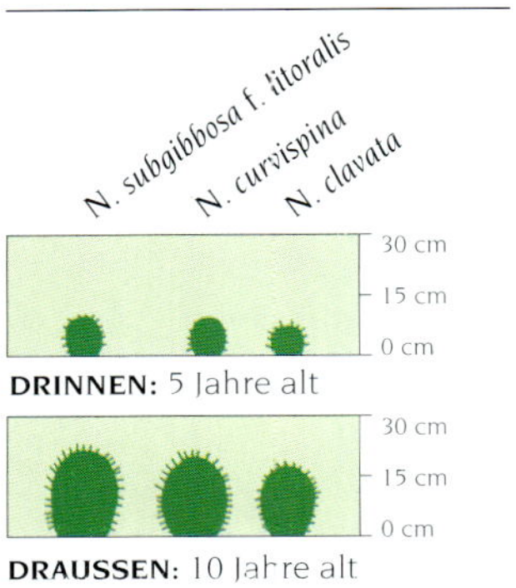

Neoporteria curvispina

Als eine der größten der Gattung ist die Art zunächst kugelig, später säulig und dann kriechend. Die Dornen sind rot bis gelb. Ab 8–10 cm Höhe treten im Frühjahr und Sommer Blüten und trockene rote Beeren auf. Körper kälteempfindlich (Narben).
H. 90 cm, B. 13 cm. Mind. 7 °C.

Neoporteria clavata

Die dunklen Dornen kontrastieren spannungsvoll zu den rosa oder violetten Blüten, die im Frühjahr, oft im Herbst auftreten. Im Alter leicht säulenförmig. Frucht grün oder rot.
H. 30 cm, B. 13 cm. Mind. 7 °C.

Opuntia

Dies ist die mit mehr als 360 sonnenhungrigen, von Kanada bis Chile und Argentinien verbreiteten Arten die größte Kakteengattung, am bekanntesten wohl die als Feigenkaktus bezeichneten Spezies. Die Pflanze kann nur wenige Zentimeter bis mehrere Meter groß werden und umfaßt Arten mit fleischigen Sproßabschnitten ebenso wie solche mit verzweigenden Trieben und mattenbildende alpine Spezies. Der Körper ist meist mit Dornen in borstigen Büscheln besetzt. Die auffälligen Blüten erscheinen im Frühjahr und Herbst; die Frucht ist grün, rot oder violett.

Höhe und Breite

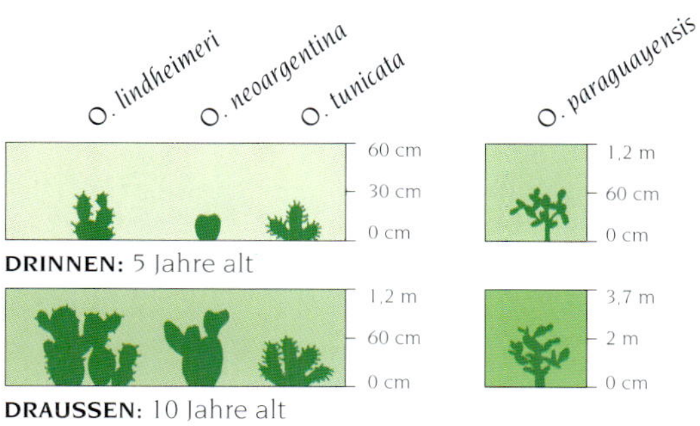

Opuntia lindheimeri

Wenn die strauchigen Arten erst zwei oder drei Abschnitte hoch sind, erscheinen im Sommer auf den Rändern der ohrenartigen Polster bereits goldgelbe, orange oder tiefrote Blüten. Daraus entstehen violettrote Früchte. Polster besetzt mit dichten, goldbraunen, borstigen Dornenbüscheln.
H. 1,2 m, B. 3 m. Mind. 5 °C.

Opuntia neoargentina

Mit der Zeit verdicken sich die Sproßabschnitte in der Mitte und bilden einen Stamm. In trockenen Gegenden werden alte Polster abgeworfen. Ableger von 15 cm blühen reich im Sommer.
H. 5 m, B. 1,2 m. Mind. 5 °C.

Opuntia tunicata

Im hellen Licht glänzen die in papierartige Blattscheiden gehüllten Dornen silbrig. Im Sommer zieren goldgelbe bis rosa, mohnartige Blüten und später hellgrüne Früchte die Sproßspitzen. Jung mit wenigen Dornen.
H. 90 cm, B. 2 m. Mind. 5 °C.

Opuntia paraguayensis

Die am schnellsten und baumartig wachsende Art ist in Australien verboten, andernorts aber überall in Kultur. Lange Zeit im Sommer reich blühend, kleine, purpurrote Früchte hervorbringend.
H. und B. 3,7 m. Mind. 5 °C.

OREOCEREUS

IN DEN HOCHANDEN BEHEIMATET, sind diese Kakteen in eine lange, schneeweiße Behaarung gehüllt, um sich vor Sonne und Kälte zu schützen. Bei starkem Licht wird sie dichter und verdeckt die langen, nadeligen Mitteldornen, die weiß, rot oder strohgelb sein können. Die elf meist säulenförmig, variierenden Spezies brauchen viele Jahre, bis sie ausgewachsen sind und sich strauchig verzweigen. Erst dann erscheinen im Sommer scheitelnahe, purpurne Blüten; sie sind oft schiefsaumig und nach unten gebogen bei senkrechter Öffnung. Die Frucht ist grün. Da Sonne bevorzugt wird, bei mindestens 10 °C halten (Narben!).

HÖHE UND BREITE

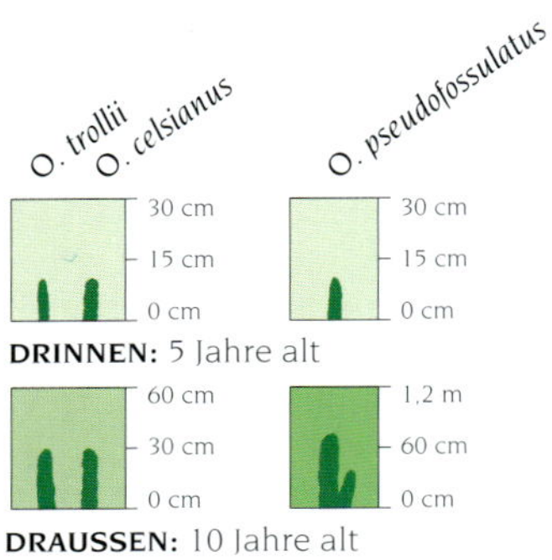

Oreocereus celsianus

Die meist gedrungenen, behaarten Triebe der großen, sehr variablen Art verzweigen sich im Alter. Die Blüten sind rosa und schiefsaumig, die Mitteldornen sind strohgelb oder rot.
H. 3 m, B. 90 cm. Mind. 10 °C.

Kräftige Dornen treten aus zarter, weißer Behaarung hervor.

Dicke Triebe bilden mit der Zeit kleine Gruppen.

Oreocereus trollii

Nur sehr alte Exemplare dieser auffallend wollig behaarten Art blühen. Die schiefsaumigen Blüten sind violett oder karminrot. Die Länge der goldgelben oder roten Mitteldornen ist variierend. Die Pflanze benötigt volle Sonne für ein gesundes Gedeihen.
H. 90 cm, B. 60 cm. Mind. 7 °C.

Oreocereus pseudofossulatus

Der Trieb ist höher und schlanker als bei den meisten anderen Arten, auch verzweigt er sich leichter zum lockeren Busch. Schneller als andere große *Oreocereus* wachsend, blüht er mit 10–15 Jahren auch früher mit schiefsaumigen, violettroten Blüten. Durch zarte, dürre, weiße Behaarung dringen kräftige rote oder gelbe Mitteldornen.
H. 2,7 m, B. 90 cm. Mind. 7 °C.

OROYA

DIESE SONNENHUNGRIGE GATTUNG aus Peru umfaßt nur drei kleine, langsam wachsende Arten. Sie sind gedrückt-kugelig und haben borstige Dornen, die in der Dichte stark variieren und stroh- oder goldgelb bis braun gefärbt sind. Nach rund fünf Jahren erscheinen auf dem Scheitel Sommerblüten, ähnlich jenen von *Neoporteria* (siehe S. 84). Die kleine Frucht ist goldrot.

Oroya peruviana

Die Zusammenführung früherer *Oroya*-Arten zu dieser einen Spezies hat zahlreiche Varietäten ergeben. Die Dornen, zuvor immer goldfarben, variieren nun von gelb bis braun. Orange oder rote Knospen öffnen sich zu gelblichen, karmin- oder purpurroten Blüten. Vor Kälte schützen, um Narbenbildung zu vermeiden.
H. 10 cm, B. 20 cm. Mind. 10 °C.

HÖHE UND BREITE

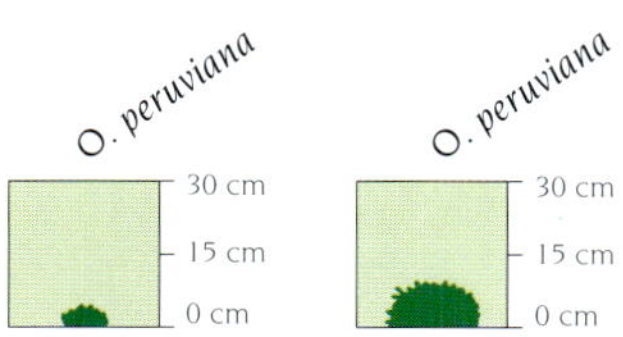

DRINNEN: 5 Jahre alt
DRAUSSEN: 10 Jahre alt

PACHYCEREUS

DER RIESIGE SÄULENKAKTUS ist ein echtes Schaustück. Manche Exemplare sind eintriebig, viele jedoch verzweigen sich leicht zu Gruppen oder sogar baumartig. Nur ausgewachsene Pflanzen von 2–5 m Höhe blühen. Die im Frühjahr bis Frühsommer nachts erscheinenden, trichterförmigen und weiß oder rosa changierenden Blüten sitzen endständig. Aus ihnen gehen große, bestachelte, grüne, gelbe oder rötliche Früchte hervor. Die zwölf sonnenhungrigen Arten sind in Teilen der südlichen USA und Mexiko zu Hause. Manche Formen sind kälteempfindlich.

Pachycereus schottii v. *monstrose*

Die langsam wachsende Form blüht selten. Sie wird wegen der seltsam knorrigen Triebe geschätzt, einer eventuell virusbedingten Mutation.
H. 6 m, B. 2,4 m. Mind. 10 °C.

HÖHE UND BREITE

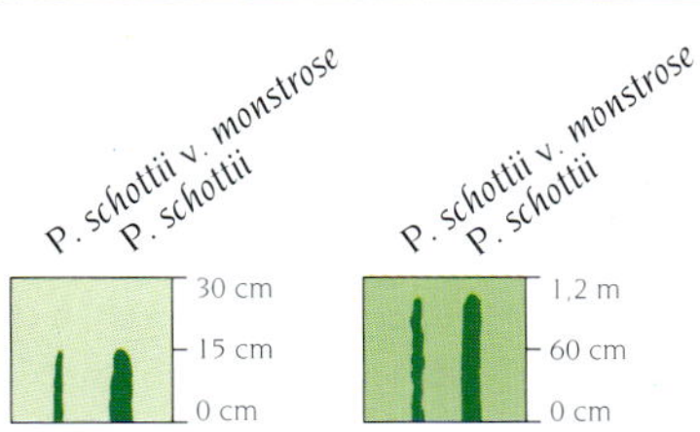

DRINNEN: 5 Jahre alt
DRAUSSEN: 10 Jahre alt

Pachycereus schottii

Der vieltriebige Kaktus trägt creme- bis dunkelrosafarbene Blüten und kleine rote Früchte. Mit rund 2 m Größe sind die Dornen lang und an der Sproßspitze gedreht, so daß der Trieb an eine Bürste erinnert.
H. 6 m, B. 2,4 m. Mind. 10 °C.

PARODIA

AUS ARGENTINIEN, Bolivien, Brasilien, Paraguay und Uruguay stammend, blühen diese meist kugeligen Kakteen von Frühjahr bis Frühherbst immer wieder. Die Blüten sind goldgelb bis scharlachrot und werden zu kleinen, bestachelten Früchten oder roten Samenkapseln. Zu den derzeit 100 Arten gehören auch die früheren *Eriocactus*, *Malacocarpus* und *Notocactus*. *Parodia* fühlen sich bei Sonne wie Halbschatten und gelegentlichem Nebeln im Winter wohl. Die Wurzeln verkümmern bei Austrocknung, durch Gießen bei Kälte können sie jedoch faulen.

HÖHE UND BREITE

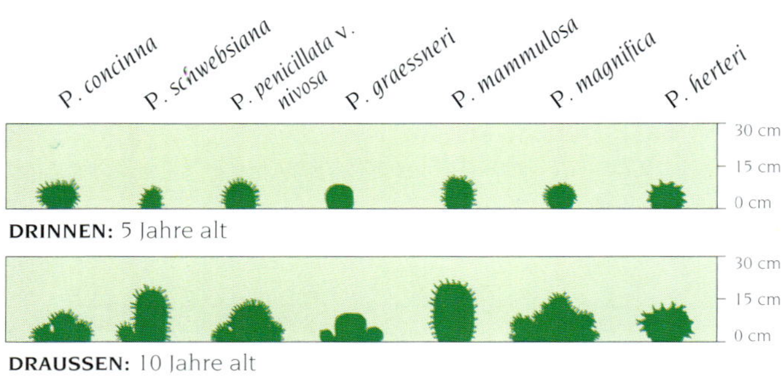

Parodia concinna

Im ganzen Frühjahr und Sommer erscheinen auf dem hübschen, kugeligen, früher *Notocactus* zugeordneten Kaktus große goldgelbe Blüten mit kastanienbraunen Stigmen. Die weichen, gekrümmten Dornen variieren von hellgelb bis rot. Die kleinen, stark bestachelten Früchte sind bei Reife trocken und papierartig. Bevorzugt Sonne, nach Jahren durch Ableger gruppenbildend.
H. 13 cm, B. 15 cm. Mind. 5 °C.

Parodia schwebsiana

Die spiralig stehenden Warzen und die hakenförmigen braunen Dornen bestimmen das auffallende Äußere dieses lichthungrigen Kaktus. Von Frühjahr bis Herbst bringt er auf dem Scheitel wiederholt orangegelbe, trichterige Blüten hervor. Nach und nach wird er säulenförmig, durch Ableger bilden sich Gruppen.
H. 30 cm, B. 10 cm. Mind. 7 °C.

Parodia penicillata v. *nivosa*

Im Frühjahr und Frühsommer öffnen sich die langen, schlanken Knospen in der Sonne zu feuerroten, strahligen Blüten. Bei Sonne und mäßigem Gießen und Düngen im Sommer wächst der kleine, gedrückt-kugelige Kaktus recht schnell und bildet im Alter Klumpen. Kleine Früchte bei Reife papierartig.
H. 18 cm, B. 30 cm. Mind. 7 °C.

Parodia graessneri

Die sehr früh im Jahr sich öffnenden gelbgrünen Blüten und dichte goldgelbe Dornen machen den Reiz dieser Art aus. Die grünen Früchte sind bei Reife papierartig. Die gedrückt-kugelige Pflanze wächst langsam und meist einzeln, obwohl sie Ableger bilden kann. Braucht Vollsonne; empfindlich gegen Feuchtigkeit im Winter und lange Trockenheit.
H. 15 cm, B. 60 cm. Mind. 10 °C.

Parodia magnifica

Beide Hauptvarietäten dieser lichthungrigen Art bilden beeindruckende Kolonien: die eine mit weniger Rippen (oben), einem größeren, eher bläulichem Körper, helleren Dornen und weniger Ablegern, die andere dicht bedeckt mit weichen, goldenen Dornen (rechts). Im Sommer weit geöffnete, buttergelbe Blüten auf dem Scheitel. Kleine Früchte, bei Reife papierartig.

H. 30 cm, B. 1,5 m. Mind. 7 °C.

Parodia mammulosa

Der robuste Kaktus nimmt gelegentliche Vernachlässigung hin und blüht wiederholt im ganzen Frühjahr und Sommer. Große Blüten mit auffallenden roten bis purpurnen Narben. Zahlreiche Formen, meist aber gedrückt-kugelig oder einzeln säulig, dunkelgrün mit kurzen, harten, hellen Dornen. Kirschrote Früchte bei Reife papierartig. Schnell wachsend, bevorzugt Vollsonne.

H. 30 cm, B. 13 cm. Mind. 7 °C.

Parodia herteri

Früher ein *Notocactus*, wird die lichthungrige, einzeln stehende Art wegen der rosa bis purpurnen Blüten geschätzt, da die Gattung sonst gelbe Blüten hat. Ab ungefähr Tennisballgröße im Sommer scheitelständig reich blühend. Zwei dominante Formen, dunkel- oder hellgrün, mit weißen oder braunen Dornen. Kleine, purpurrote, papierartige Früchte.

H. 20 cm, B. 25 cm. Mind. 7 °C.

Parodia

Höhe und Breite

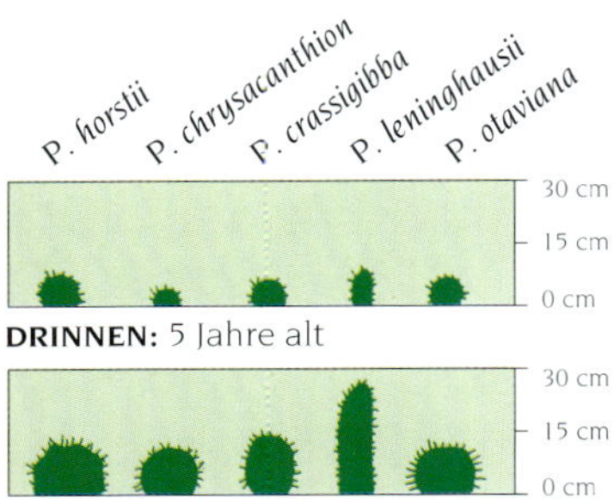

DRAUSSEN: 10 Jahre alt

Parodia horstii

Die Sommerblüten des variierenden Kaktus – eine der größeren *Parodia*-Arten – changieren für die Gattung untypisch in orange bis rötlich-orange. Dornen meist lang, gerade, rot und weiß. Körper zuerst kugelig, später säulenförmig und im Alter niederliegend. Ableger selten.

H. 60 cm, B. 30 cm. Mind. 7 °C.

Parodia chrysacanthion

Golddornige Parodia

Typisch für die Art sind die oft borstigen, goldgelben Dornen und die weißwolligen Jungtriebe bzw. Scheitel älterer Pflanzen. Von Frühjahr bis Sommer kleine gelbe Blüten. Langsam wachsend und einzeln stehend, bevorzugt Sonne.

H. und B. 20 cm. Mind. 5 °C.

Parodia crassigibba

Zahlreiche schöne Blüten zieren den kleinen Kaktus (früher ein *Notocactus*) bereits, wenn er erst 5–8 cm Durchmesser hat. Blütenfarbe zitronengelb oder weinrot bis violettrot, Blüten öffnen sich nur bei Sonne im Frühjahr und Frühsommer. Dornen variierend von kurz und borstig bis lang und gekrümmt, von gelbgrau bis rostbraun. Bevorzugt Sonne. Körper flachkugelig mit relativ wenigen, variierenden Rippen. Frucht im reifen Zustand papierartig.

H. 13 cm, B. 15 cm. Mind. 7 °C.

Parodia leninghausii

Bei Freilandpflanzen ist der geneigte Scheitel der Sonne zugewandt. Der kurze, dicke, säulenförmige Körper ist an der Basis leicht gekrümmt und lang, bedeckt mit weichen, goldnen Dornen. Im Sommer scheitelständige, große, buttergelbe, weit geöffnete Blüten. Mit 5–10 Jahren reich sprossend.

H. und B. 90 cm. Mind. 7 °C.

Parodia otaviana

Die langen, hakenförmigen, goldenen oder rostbraunen Dornen kontrastieren spannungsvoll mit den scharlachroten Blüten. Diese sind im Frühjahr und Sommer zahlreich, wenn die Pflanze 5– 8 cm Durchmesser erreicht hat. Die Frucht ist klein, trocken, papierartig. Körper langsam wachsend, kugelig, grün, später leicht säulig. Bevorzugt Sonne; eine sehr leicht zu kultivierende *Parodia*-Spezies.

H. 20 cm, B. 18 cm. Mind. 7 °C.

PERESKIA

ALS EINFACHSTE KAKTEENGATTUNG geltend, stammen die 16 Arten dieser Laubkakteen aus der karibischen Inselwelt und dem nördlichen Süd- sowie Mittelamerika; es sind rasch wachsende Sträucher, Bäume oder Kletterer. Sie besitzen neben Dornen echte Laubblätter und bringen im Sommer und Herbst rosenartige Blüten hervor.

HÖHE UND BREITE

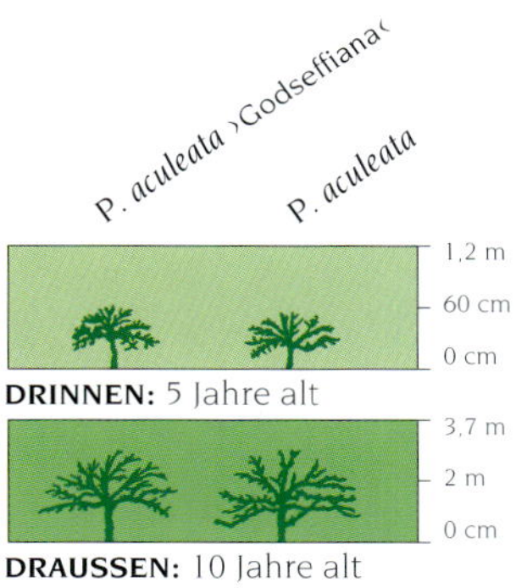

Pereskia aculeata ›Godseffiana‹

Als Zimmerpflanze wegen des rosa- oder bronzefarbenen jungen Laubs geschätzt, wächst diese Zuchtsorte von P. *aculeata* etwas langsamer und blüht weniger willig als die Art.
H. 9 m, B. unbegrenzt. Mind. 4 °C.

Pereskia aculeata

Laubkaktus
Auf jungen Trieben bildet sich eine Fülle großer, stark duftender Herbstblüten von weiß über cremefarben bis rosenrot. Die Frucht ist eßbar, klein, bestachelt, gelb. Jung ist die Pflanze strauchig, später kletternd, verholzend, mit dunklen, dicken, harten Dornen. Wie Wein zu beschneiden; als Zimmerpflanze jährlich umtopfen.
H. 9 m, B. unbegrenzt. Mind. 4 °C.

PILOSOCEREUS

AUSGEWACHSEN entwickeln diese meist bläulichen, säuligen Kakteen in Scheitelnähe eine dicke weiße Wollhaube. Durch diese dringen im Frühjahr bis Herbst nächtliche röhrige Blüten, die variabel gefärbt sind, oft unangenehm riechen und 24 Stunden halten. Die fleischigen Früchte sind grün bis violett. Heimat der wärme- und sonneliebenden 60 Arten ist das nördliche Süd- sowie Mittelamerika und die Karibik.

HÖHE UND BREITE

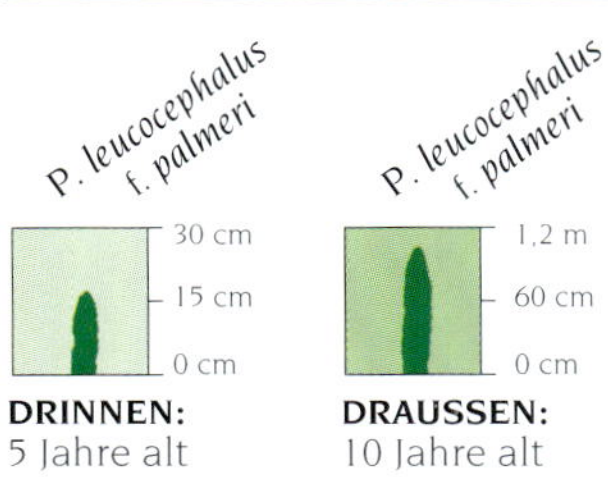

Pilosocereus leucocephalus f. *palmeri*

Dieser beeindruckend große, gruppenbildende Kaktus hat grau bis beigebraune, auf Jungtrieben gelbe Dornen. Der Körper ist blaugrün, ab 1,2–2 m Höhe mit Pseudocephalium. Hellrosa bis weiße Blüten, unangenehm riechend; Frucht groß, dunkel, pflaumenähnlich.
H. 6 m, B. 1,5 m. Mind. 10 °C.

REBUTIA

MEIST UNTER DEN ERSTEN Kakteen, die im Frühjahr blühen, umfaßt diese Gattung kleiner, überwiegend kugeliger Pflanzen ca. 40 farbenprächtige Spezies aus Argentinien und Bolivien. Sie variieren stark, da sie mehrere hundert Formen der früheren Gattungen *Aylostera*, *Digitorebutia*, *Sulcorebutia* und *Weingartia* umfassen. Viele davon entwickeln sich in der Natur ständig weiter, um sich an lokale Bedingungen anzupassen. Die Früchte sind kaum sichtbar. Die meisten Rebutia mögen Sonne oder Halbschatten; manche vertragen bei Trockenheit auch leichten Frost. Kleinere Spezies sind gepfropft sehr auffallend.

Rebutia muscula

Die stattlichen, lichthungrigen Kakteen blühen im Frühjahr und gelegentlich bis Herbst reich; die langröhrigen Blüten öffnen sich nur in der Sonne. Körper meist kugelig, bildet gern »Nadelkissen«.

H. 8 cm, B. 30 cm. Mind. 5 °C.

HÖHE UND BREITE

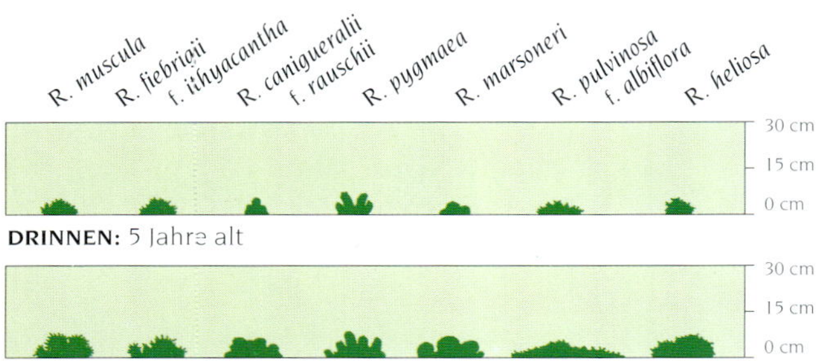

Rebutia fiebrigii f. *ithyacantha*

Die hübsche Art variiert stark. Meist dunkelgrün, später auch leicht säulig. Im Frühjahr zahlreiche Blüten am unteren Trieb. Die Pflanze braucht einen vollsonnigen Standort. Ausgewachsene Exemplare bilden Kolonien.

H. 8 cm, B. 30 cm. Mind. 5 °C.

Rebutia canigueralii f. *rauschii*

Der wegen der kleinen, knopfartigen Sprosse und der grell-magentaroten Blüten geschätzte Körper, variiert von dunkelgrün bis violett. Trichterige Frühjahrsblüten am unteren Sproßabschnitt. Bevorzugt Sonne, neigt zu Fäule und ist auf eigenen Wurzeln schwer zu ziehen; gedeiht gepfropft gut.

H. 13 cm, B. 25 cm. Mind. 5 °C.

Rebutia pygmaea

Intensiv scharlachrote, lachsrosa oder orange Blüten erscheinen am unteren Sproßteil dieses variierenden Kaktus in Überfülle. Ungewöhnlich für *Rebutia*, bildet er Gruppen kurzer, fingerartige Triebe, meist violettbraun und mit hellen, borstigen Dornen. Gedeiht am besten in der Sonne.
H. 10 cm, B. 30 cm. Mind. 5 °C.

Rebutia marsoneri

Von den gelbblühenden *Rebutia* trägt diese wohl das leuchtendste und satteste Goldgelb. Die rötlichen Frühjahrsknospen öffnen sich nur in Vollsonne. Der Körper ist flachkugelig, einzeln stehend und langsamsprossend. Gedeiht in Vollsonne am besten.
H. 8 cm, B. 30 cm. Mind. 5 °C.

Rebutia pulvinosa f. albiflora

Der kugelige Kaktus, eine der wenigen weißblühenden Arten, bildet gern Kolonien borstiger Triebe. Langröhrige, rosa überhauchte Blüten entspringen dem unteren Sproßteil und öffnen sich in der Frühjahrssonne ganz. Robust; Mitteltriebe ausgewachsener Kolonien sterben meist ab.
H. 8 cm, B. unbegrenzt. Mind. 5 °C.

Rebutia heliosa

Die Art bildet leicht Klumpen winziger Sprosse, die dichte, kurze Dornen tragen. Im Frühjahr erscheint am unteren Sproßteil eine Fülle trichteriger, langröhriger Blüten, die sich nur bei Sonne ganz öffnen. Pfropfen ergibt gesündere, schneller wachsende und langlebigere Pflanzen.
H. 8 cm, B. 20 cm. Mind. 5 °C.

Rebutia

Höhe und Breite

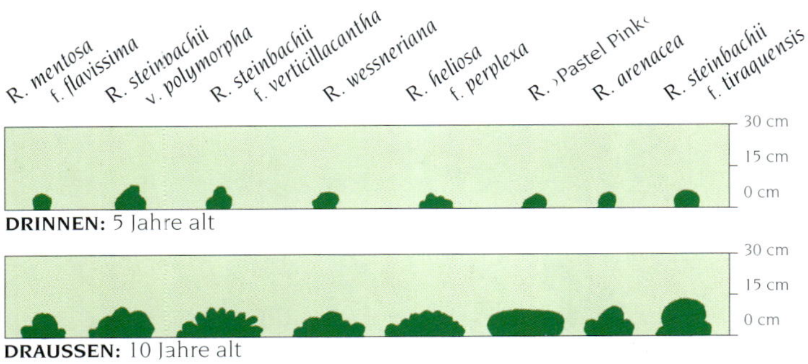

Rebutia mentosa f. *flavissima*

Ein Blickfang: purpur- bis karminrote, kurzröhrige Blüten, dicht um den unteren Sproßteil gedrängt; nur bei Vollsonne öffnen sie sich ganz. Im Alter langsam sprossend und gruppenbildend. Dornen hellgelb bis gold.

H. 10 cm, B. 13 cm. Mind. 4 °C.

Seitenständige Blütenknospen

Gerade, dunkle Dornen, mitunter sehr lang

Kugelige Triebe bilden kompakte Gruppen.

Rebutia steinbachii v. *polymorpha*

Vom mittleren bis späten Frühjahr und erneut im Sommer entspringen dem dunkelgrünen Körper zahlreiche leuchtende, oft zweifarbige Blüten in Narzissengelb, Orange, Scharlach-, Rosa- oder Purpurrot. Sehr variabel; oft lange Dornen. Robust und bei Vollsonne relativ leicht zu ziehen.

H. 20 cm, B. 25 cm. Mind. 5 °C.

Rebutia steinbachii f. *verticillacantha*

Im mittleren bis späten Frühjahr und erneut im Sommer erscheinen zweifarbige Blüten, entweder violett oder zinnoberrot mit goldenem oder orangem Schlund. Sie sind oft größer als der variierende Körper, der durch zahlreiche dunkelgrüne Ableger »gekräuselte« Matten bildet. Kurze Dornen, hell oder dunkel.

H. 13 cm, B. 38 cm. Mind. 5 °C.

Rebutia wessneriana

Der kugelige Kaktus mit eingesenktem Scheitel wird wegen der relativ großen, orangefarbenen, roten oder tiefvioletten Blüten geschätzt, die im Frühjahr der Sproßbasis entspringen. Der Körper ist meist dicht, weich und weiß bedornt. Reizvoll auch die kurzstachelige Form *R. w.* f. *krainziana*.

H. 8 cm, B. 20 cm. Mind. 5 °C.

Rebutia heliosa f. *perplexa*

Olivgrüne, knopfartige Triebe bilden einen kompakten Klumpen, der vom mittleren bis späten Frühjahr von zierlichen Blüten übersät ist. Diese sind langröhrig und zartrosa gefärbt, entspringen dem unteren Trieb und öffnen sich nur bei Vollsonne. Kurze ingwerfarbene Dornen. Gedeiht am besten in voller Sonne.

H. 8 cm, B. 20 cm. Mind. 4 °C.

Rebutia ›Pastel Pink‹

Mit Blüten in verschiedenen Rosatönen ist diese sonnenhungrige Hybride ein Paradebeispiel für die heute erhältlichen hübschen Kakteen ihrer Gattung. Bereits mit zwei Jahren entspringen sie im Frühjahr dem unteren Sproßteil. Kugeliger, blaß- bis dunkelgrüner Körper, rasch Klumpen bildend.

H. 10 cm, B. 30 cm. Mind. 4 °C.

Rebutia arenacea

Die Areolen auf den spiralig angeordneten Warzen werden scheitelwärts kleiner. Die sehr kurzen, strahligen Dornen umhüllen einen bräunlich-grünen, meist kugeligen Körper, der langsam Gruppen bildet. Im Frühjahr relativ große, leuchtende Blüten, später winzige Früchte. Der Kaktus, erst kürzlich aus Bolivien eingeführt, gedeiht in Vollsonne.

H. 10 cm, B. 20 cm. Mind. 7 °C.

Rebutia steinbachii f. *tiraquensis*

Der sonnenhungrige Kaktus ist einer der größten seiner Gattung und sehr variabel. Die Dornen sind dunkelrot bis braun oder weiß bis gelb. Von Mitte bis zum Ende des Frühjahrs zeigen sich Blüten in einer der zahlreichen Rosa-, Kirsch- oder Violettnuancen. Die größere rotstachelige Form bringt dunklere Blüten hervor. Langsam sprossend.

H. 20 cm, B. 25 cm. Mind. 5 °C.

RHIPSALIS

DIE BLATTÄHNLICHEN oder rutenförmigen Triebe dieser variablen Rutenkakteen hängen anmutig herab und bieten sich somit für eine Ampelbepflanzung an. In der Regel blühen diese *Epiphyten* im späten Winter oder zeitigen Frühjahr; die kleinen Blüten von weiß bis hellrosa sitzen an den Sprossen und sind mehrere Tage offen. Die Frucht variiert von weiß oder rosa bis schwarz. In Mittel- und Südamerika sind die ca. 40 mittelgroßen oder großen, langsam bis schnell wachsenden, Schatten bevorzugenden Arten weit verbreitet.

Rhipsalis pilocarpa

Eine der auffallendsten Arten, ist die dunkelgrüne Pflanze leicht violett getönt und mit silbrigen Dornen übersät. Die herabhängenden Sprosse verzweigen sich ab 15 cm Länge wirtelartig. Von Herbst bis Frühjahr erscheinen rosa- weiße bis cremefarbene, süß duftende Blüten nahe den Sproßenden. Früchte hellgrün mit gelben Borsten.
L. 90 cm, B. unbegrenzt. Mind. 10 °C.

LÄNGE/HÖHE UND BREITE

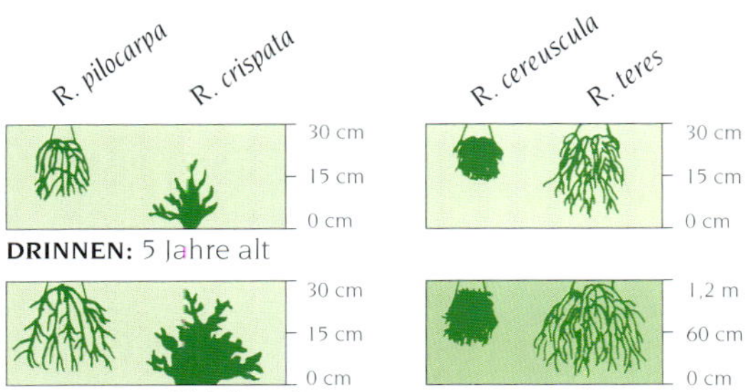

Rhipsalis crispata

Der Rand der dornenlosen, blattähnlichen Triebe ist oft unterschiedlich stark gewellt. Langsam wachsend, ist der Kaktus später niederliegend oder überhängend strauchig. Von Frühjahr bis Frühsommer cremefarbene Blüten; Früchte grünlich-weiß. Weniger blühwillig als die meisten *Rhipsalis*.
H. 90 cm, B. unbegrenzt. Mind. 10 °C.

Rhipsalis cereuscula

Ausgewachsen bringt diese farnartige Spezies eine Fülle hängender, rutenförmiger Sprosse hervor. Diese sind bis zu 30 cm lang und verzweigen sich an der Spitze zu quirlartigen Kurztrieben, häufig mit Luftwurzeln. Im Winter und Frühjahr kleine, grünlich-weiße Blüten.
L. 1,2 m, B. unbegrenzt. Mind. 7 °C.

Rhipsalis teres

Der variable Kaktus hat oft etwas dickere, steifere Triebe als viele andere farnartige *Rhipsalis* und wächst mäßig bis schnell. Rutige Triebe normalerweise strauchig-überhängend, manchmal mit kurzen, hellen Dornen. Im Frühjahr kleine, weiße bis grün-weiße Blüten; Frucht gleichfarbig.
L. 3 m, B. unbegrenzt. Mind. 7 °C.

SCHLUMBERGERA

NUR SECHS KLEINE BIS MITTELGROSSE Spezies umfaßt diese Gattung aus Brasilien, doch zahlreiche Hybriden. Sie sind im Wuchs sehr ähnlich: kleinstrauchig, mit flachen, hängenden, gegliederten Trieben. Das Wachstum setzt im Spätsommer ein, und nach einer Zeit mit kurzen Tagen (mit weniger als zwölf Stunden Licht) blühen sie im Winter. Zuviel Licht, selbst Kunstlicht, kann die Blüte verzögern oder sogar verhindern. Schiefsaumige, trompetenförmige, meist rote Blüten entspringen den vorn gestutzten oberen Gliedern, die Früchte sind grüne oder rötliche Beeren. In unseren Breiten blüht *Schlumbergera* in der Weihnachtszeit. In der Wachstumszeit im Sommer und Herbst muß sie regelmäßig gedüngt werden.

HÖHE UND BREITE

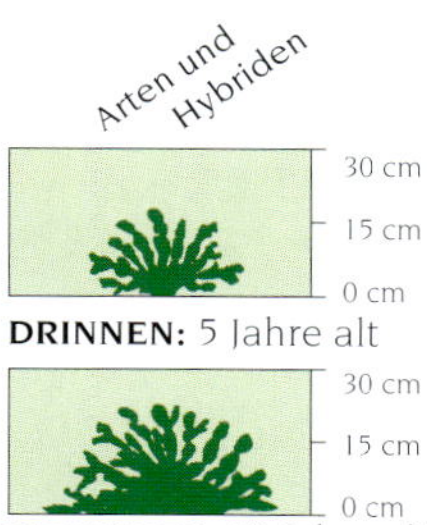

DRINNEN: 5 Jahre alt

DRAUSSEN: 10 Jahre alt

Schlumbergera truncata

Weihnachtskaktus
Die vorn gestutzten Triebe dieser seit langem kultivierten Art sind weniger aufrecht als die der neueren *Schlumbergera*-Hybriden. Ihr Wuchs variiert vom Kleinstrauch bis zum kletternden, niederliegenden oder hängenden Polster im Alter. Kleine Blüten später als die der Hybriden.
H. 30 cm, B. unbegrenzt. Mind. 5 °C.

Schlumbergera ›Firecracker‹ und ›Maria‹

Schlumbergera Hybriden

Die meisten kultivierten *Schlumbergera* sind Hybriden und wunderbare Topfpflanzen. Sie sind leichter als die Art zu pflegen, mit großen, wohlgeformten Blüten. Die variierende Blütenfarbe wird durch Lichtintensität, Temperatur und Jahreszeit beeinflußt; Herbstblüten blasser als Winterblüten.
H. 30 cm, B. unbegrenzt. Mind. 5 °C.

Schlumbergera ›Joanne‹

Schlumbergera ›Lilac Beauty‹

Schlumbergera ›Gold Charm‹

SELENICEREUS

DIE EPIPHYTISCHEN KLETTERER werden wegen der wunderbaren Blüten geschätzt, die sich nachts öffnen; ihre Heimat sind die mittel- und südamerikanischen Tropenwälder. Zu den ca. 20 Arten gehören manche, die *Epiphyllum* (siehe S. 72–73) nahestehen, sie haben meist schlanke, rutige Triebe, die mittels Luftwurzeln an Wirtspflanzen haften. Die langröhrigen Sommerblüten entspringen nahe der Sproßspitze, duften oft ungewöhnlich und bringen borstige, eiförmige Früchte hervor. Die meisten bevorzugen Schatten und blühen nicht leicht, bevor sie ausgewachsen sind, wachsen aber recht schnell. Die Sprosse ergeben gute Pfropfunterlagen für andere *Epiphyten*, vor allem *Schlumbergera* (siehe S. 97).

HÖHE UND BREITE

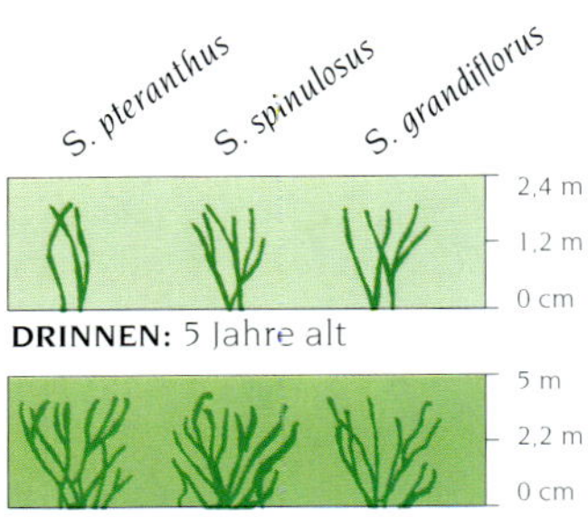

Selenicereus pteranthus

Der Kletterer hat schlanke Triebe, die deutlich gerippt, aber auch glatt und rutig sein können. Die Dornen variieren von blaßgelb bis braun. Im Sommer weiße oder cremefarbene Blüten, bis 20 cm im Durchmesser.

H. und B. unbegrenzt. Mind. 5 °C.

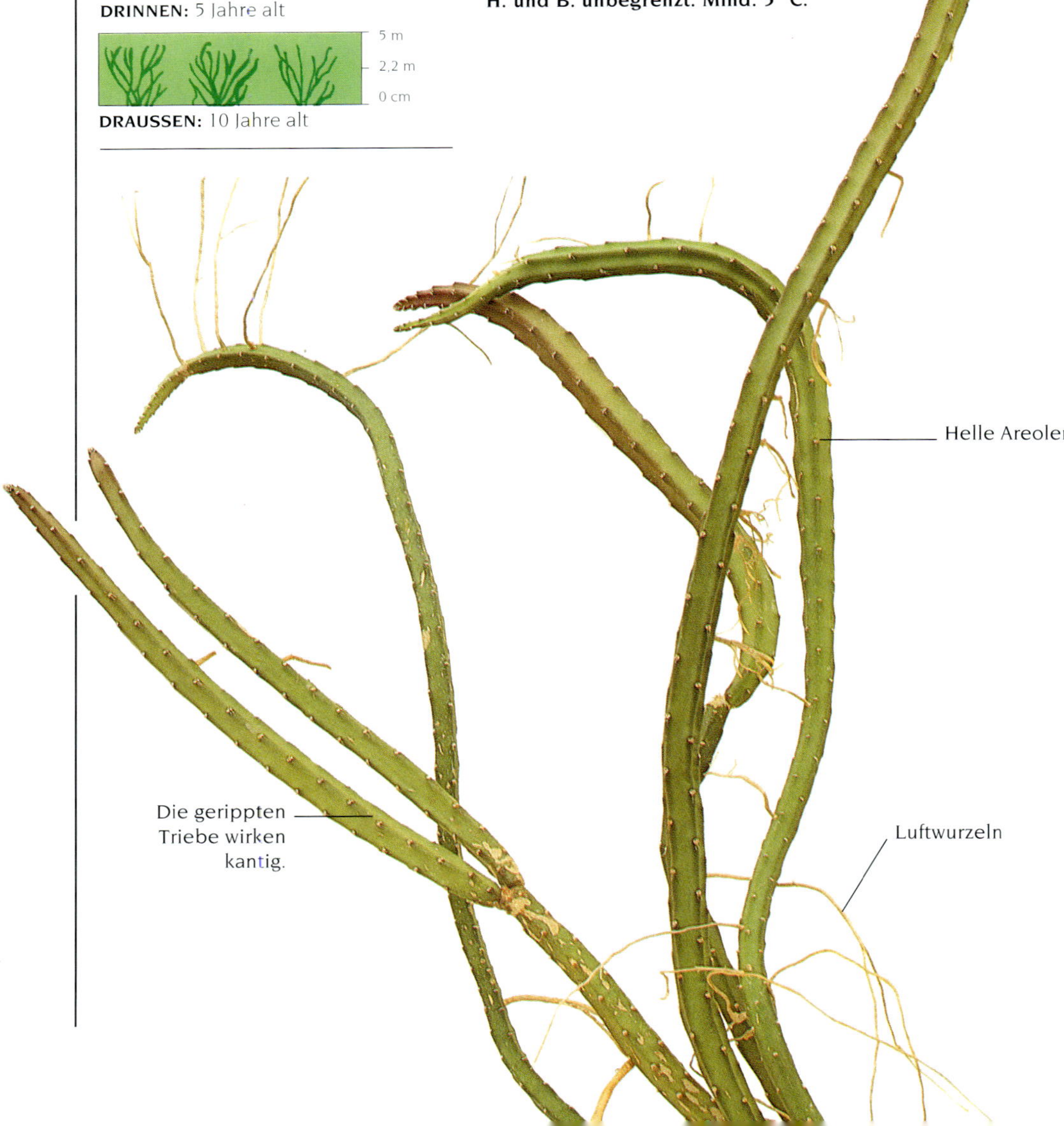

Selenicereus spinulosus

Bis zu 20 cm große Sommerblüten erscheinen, wenn die Pflanze etwa fünf Jahre alt ist. Die inneren Kronblätter der Blüten sind weiß, die äußeren grün bis rotbraun. Auch bei derselben Pflanze variieren die schlanken, kletternden Sprosse stark. Sie können zunächst kantig sein, mit deutlichen Rippen, später dicker und glattrutig. Dornen blaß und borstig. Als Pfropfunterlage für Epiphyten gut geeignet.

H. und B. unbegrenzt. Mind. 5 °C.

Selenicereus grandiflorus

Königin der Nacht

Wollige Knospen öffnen sich zu auffallenden, süß duftenden Blüten von bis zu 30 cm Durchmesser (die größten der Gattung). Schlanke Triebe sehr variabel, mit deutlichen oder flachen Rippen sowie borstigen oder breiten, blassen oder dunkelbraunen Dornen. In Kultur nicht sehr reich blühend.

H. und B. unbegrenzt. Mind. 5 °C.

STENOCACTUS

SIE WIRKEN ETWAS KRAUS, mit ihren wild bedornten bis zu 150 Rippen. Die rund zwanzig, meist einzeln stehenden, langsam wachsenden Spezies sind sehr variabel – keine zwei Pflanzen sind gleich. Viele blühen bereits mit 5 cm Größe im Spätwinter oder zeitigen Frühjahr. Sonst erscheinen die trichterigen, scheitelständigen Blüten zwischen zeitigem Frühjahr und Sommer. Sie sind oft weiß, mit rosa oder purpurnen Streifen, oder gelb. Die Frucht ist grün, die langen Dornen der lichthungrigen mexikanischen Kakteen sind strohfarben bis schwarz.

HÖHE UND BREITE

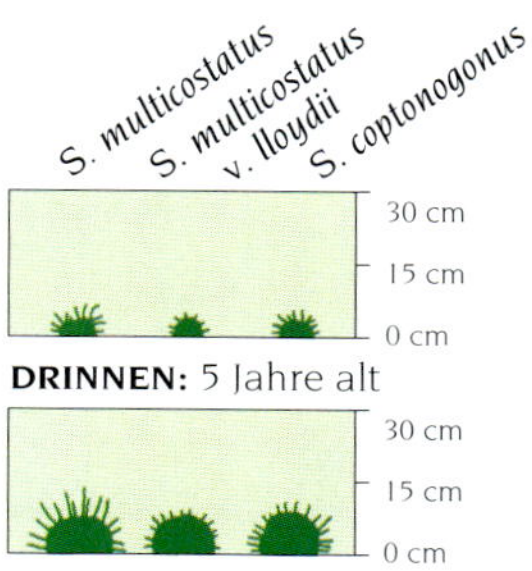

DRINNEN: 5 Jahre alt

DRAUSSEN: 10 Jahre alt

Stenocactus multicostatus

Ausgewachsene Pflanzen können mehr als hundert Rippen von je höchstens 1 mm Breite und nur eine einzige Areole haben. Der Körper kann kugelig oder halbkugelig sein. Zahl und Länge der biegsamen Dornen variieren beträchtlich, manche Pflanzen sind völlig unbedornt. Farben von blaßgelb bis kupferbraun. Im Frühjahr und gelegentlich im Sommer reiche, zart changierende Blüten.
H. und B. 13 cm. Mind. 5 °C.

Stenocactus multicostatus v. *lloydii*

Im Formenreichtum von Dornen und Wuchs ähnlich *Stenocactus multicostatus*, besitzt dieser Kaktus Blüten mit etwas helleren, rosafarbenen Kronblättern.
H. und B. 13 cm. Mind. 5 °C.

Stenocactus coptonogonus

Wenngleich die typische Art (die die Gattungsmerkmale bestimmt), ist dieser Kaktus nah mit *Ferocactus* (siehe S. 74–75) verwandt. Er ist halbkugelig bis kugelig und die einzige Spezies mit so wenigen und zudem geraden Rippen. Länge und Färbung der Dornen variierend, weiße Blüten mit purpurfarbenen Streifen.
H. 13 cm, B. 15 cm. Mind. 5 °C.

Ältere Dornen sind länger und heller.

THELOCACTUS

URSPRÜNGLICH STAMMT DIESE Gruppe meist kleiner, lichthungriger Kakteen aus Südtexas und Mexiko. Vor kurzem wurden die 40 Arten zu nur noch 13 zusammengefaßt. Die Pflanzen sind grün oder metallisch-grau und können flach, gedrungen oder konisch sein, mit dichten oder dünnen, gekrümmten oder geraden Dornen. Im Sommer tragen ausgewachsene Exemplare eine Fülle scheitelnaher, flacher Blüten, die von weiß oder gelb bis rot oder violett variieren und mehrere Tage offen sind. Kleine, trockene Früchte platzen an der Basis auf und entlassen den Samen. Im allgemeinen wachsen und sprossen diese Kakteen (durch Ableger) recht langsam. Wegen Fäulnisgefahr nicht zu stark gießen.

HÖHE UND BREITE

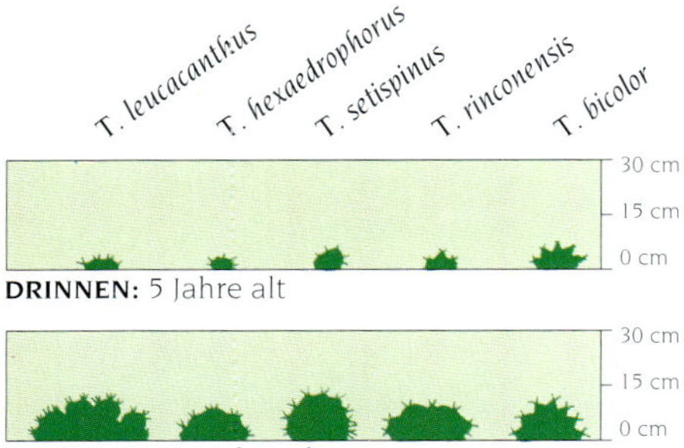

DRINNEN: 5 Jahre alt

DRAUSSEN: 10 Jahre alt

Thelocactus leucacanthus

Wie willig diese variierende Spezies Ableger und große Polster dunkelgrüner, bedornter Triebe bildet, das ist ungewöhnlich für die Gattung. Die langen, strahligen Dornen sind strohgelb bis grau, das Spektrum der Blüten reicht von blaßgelb über karmin- bis violettrot. Ableger entwickeln oft bereits Wurzeln, wenn sie noch mit der Eltern-pflanze verbunden sind, sind also leicht zu teilen und zu verpflanzen (siehe S. 157).

H. 15 cm, B. 38 cm. Mind. 5 °C.

Thelocactus hexaedrophorus

Bei blau- bis graugrünem Körper hat dieser Kaktus relativ wenige, kräftige, gekrümmte Dornen, die grau oder rotgebändert sein können. Manche ältere Pflanzen entwickeln deutliche warzenartige Erhebungen mit rot- und gelbgebänderten Dornen. Die Blüten der flachkugeligen Art sind weiß, creme- oder malvenfarben.

H. 13 cm, B. 18 cm. Mind. 5 °C.

Thelocactus setispinus

Aus Samen gezogen, bringt dieser dankbare kugelige Kaktus schon nach drei Jahren (mit 5 cm Größe) zitrusfruchtartig duftende Blüten hervor. Hakenförmige Mitteldornen gelb oder rot, grau werdend, Randdornen lang, strahlig angeordnet. Langsam sprossend. Früher ein *Ferocactus*.

H. 18 cm, B. 25 cm. Mind. 5 °C.

Thelocactus rinconensis

Auf dem jungen grau- bis blaugrünen, gedrückt-kugeligen Kaktus sind die Warzen manchmal ausgeprägt kantig. Mit zunehmendem Alter werden die langen, dünnen Dornen spröde. Weiße, blaßgoldene oder rosa Blüten zeigen sich in Scheitelnähe.

H. 15 cm, B. 30 cm. Mind. 5 °C.

Thelocactus bicolor

Die kugelige oder konische Art ist dicht mit manchmal flachen, roten und gelben Dornen besetzt. Mit 5 cm Größe erscheinen die charakteristischen, fedrig-zarten Blüten.
H. 25 cm, B. 13 cm. Mind. 5 °C.

WEBERBAUEROCEREUS

DIE SCHLANKEN, BEDORNTEN TRIEBE dieses Säulenkaktus können eine beachtliche Größe erreichen und sich strauch- oder baumartig verzweigen. Manche Arten haben deutlich gekerbte Rippen, ihre von weiß bis strohgelb oder braun variierenden Dornen werden oft mit zunehmendem Alter grau. Ausgewachsene Pflanzen sind im Sommer nachtblühend, die scheitelnahen Blüten sind schlauchartig oder trichterig, oft langröhrig und manchmal leicht schiefsaumig. Ihre Färbung reicht von Weiß bis Purpur; die Frucht ist rot oder grün, klein und geschuppt. Heimat der wohl acht Arten sind die Berge Perus; sie brauchen Sonne und einen ausreichend großen Topf.

HÖHE UND BREITE

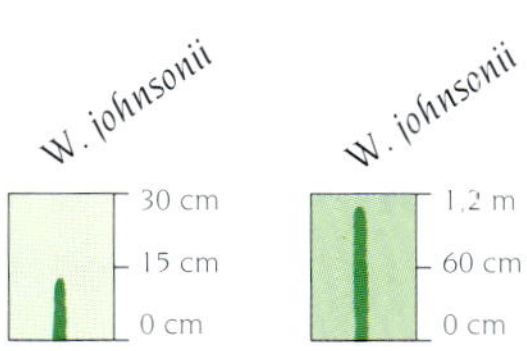

DRINNEN: 5 Jahre alt

DRAUSSEN: 10 Jahre alt

Weberbauerocereus johnsonii

Sie ist eine der wenigen Arten der Gattung, die dicht goldgelb bedornt ist und als Topf- wie als Beetpflanze ein stattliches Schaustück abgibt. Die Dornen werden mit zunehmendem Alter dunkel. Ältere Triebe verzweigen sich baumartig und bringen langröhrige, weiße oder hellrosa Blüten hervor. Die Frucht ist grün und behaart.
H. 6 m, B. 2 m. Mind. 7 °C.

SUKKULENTEN

Eine Auswahl der wasserspeichernden Pflanzen, die die kleinen lebenden Steine und Kriechpolster ebenso umfaßt wie belaubte, strauchähnliche Spezies und palmenartige Bäume.

Adenium

Die exotischen Blüten dieser Pflanzen sind weit geöffnet und weiß, rosa oder purpurfarben; sie treten vereinzelt von Frühjahr bis Herbst an Jungtrieben auf. Die Samenkapsel ist grün und zweihöckerig. Die markhaltigen braunen Triebe sind verdickt (siehe S. 10) und tragen ovale Blätter. Es gibt nur vier langsam wachsende Spezies – alle aus Ostafrika bis Südarabien –, doch sind weitaus kräftigere Hybriden erhältlich. Alle lichthungrigen Arten ziehen trockene Wärme vor und können bei Beschädigung faulen.

Höhe und Breite

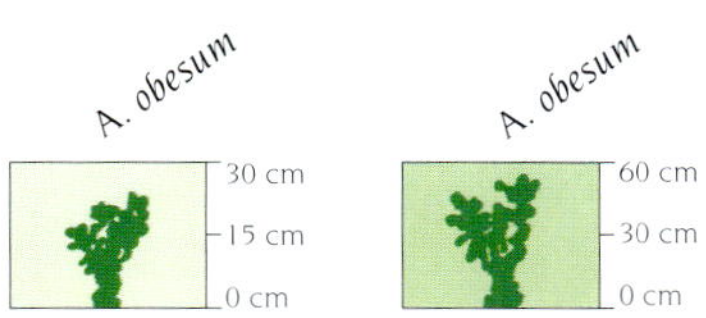

DRINNEN: 5 Jahre alt

DRAUSSEN: 10 Jahre alt

Adenium obesum

Wüstenrose

Die am leichtesten zu pflegende Art der Gattung und sehr variable Pflanze blüht, aus Samen gezogen, schon nach 3–4 Jahren reich. Im Frühjahr bis Herbst rosa, weiße oder purpurne Blüten, meist mit dunklerem Rand und hellerer Mitte.

H. 1,2 m, B. 38 cm. Mind. 16 °C.

Adromischus

Diese südafrikanischen Sukkulenten werden wegen ihres dekorativen Laubs geschätzt; es ist zart, fleckig, oft fleischig und wird abgeworfen. Die meisten Pflanzen bilden lockere Gruppen. Im Sommer erscheinen kleine, blasse, langgestielte, trompetenartige Blüten. Wenngleich an vielfältigen Standorten zu Hause, brauchen sie in Kultur einen frostgeschützten, halbschattigen Platz. Die Gattung umfaßt rund 50 Arten; einige langsam wachsend, doch viele neu entdeckte Formen.

Höhe und Breite

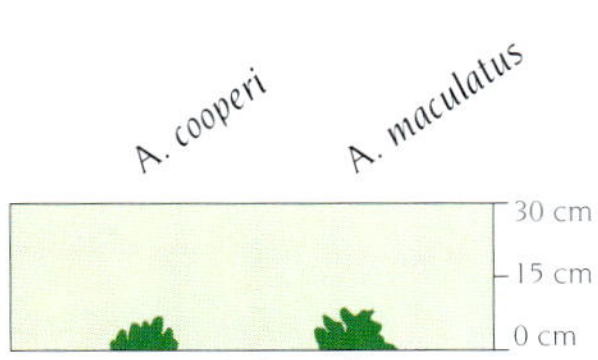

DRINNEN: 5 Jahre alt

DRAUSSEN: 10 Jahre alt

Adromischus cooperi

Die kleinen violett gefleckten, graugrünen Blätter sind meist eiförmig mit flachen, gewellten Enden. Zentrum der blaßgrünen Blüten dunkel bis violett. Leicht durch Blattstecklinge zu vermehren.

H. 10 cm, B. unbegrenzt. Mind. 5 °C.

Adromischus maculatus

Im Alter wird der Caudex (der nicht verholzende Stamm, siehe S. 10) stark knollig. Blätter blaß- bis dunkelgraugrün und oft herzförmig mit welligem Rand, wächsernen Spitzen und violetten Flecken. Die Pflanze hat weiße oder violette Blüten und bildet Polster.

H. 10 cm, B. unbegrenzt. Mind. 5 °C.

AEONIUM

DIE RASCH WACHSENDEN, ROSETTENBILDENDEN SUKKULENTEN können stammlos oder strauchig und klein bis mittelgroß sein, einen hellen oder schattigen Platz bevorzugen. Der Wachstumspunkt im Zentrum der ausgewachsenen Rosette entwickelt sich zu einem Blütenstand mit lang geöffneten Blüten in Weiß, Gelb, Rosa oder Rot. Nach der Blüte stirbt die Rosette, bei manchen Arten die ganze Pflanze ab. Die kleine Frucht ist papierartig. Die meisten Spezies treten im Sommer in eine Ruhephase, im Herbst wachsen sie wieder. Da sie vor allem von den Kanaren und vom Mittelmeer stammen, ertragen sie trockene – keine feuchte – Kälte.

Aeonium arboreum ›Atropurpureum‹

In der Sommersonne wird das grüne Blatt dunkelviolettrot. Von Spätwinter bis Frühjahr erscheinen gelbe Blüten. Junge Pflanzen kann man für Einfassungen verwenden, ältere bilden große Büsche.
H. 90 cm, B. 1,2 m. Mind. 5 °C.

HEIGHT AND SPREAD

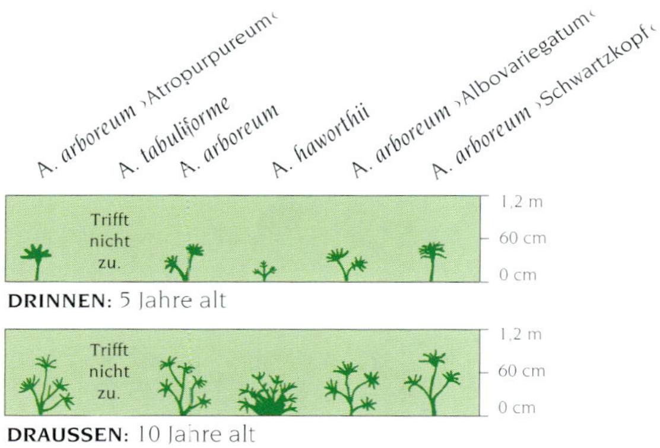

Aeonium tabuliforme

Mit drei Jahren blüht diese Art und stirbt ab. Ableger bilden sich selten, daher empfehlen sich mehrere Exemplare, um eine Bestäubung der gelben Sommerblüten und die Zucht aus Samen zu ermöglichen. Die Rosette ist zuweilen kammartig. Vor Vollsonne schützen.
H. 5 cm, B. 30 cm. Mind. 5 °C.

Aeonium arboreum

Die elegante, lichthungrige Pflanze trägt im Frühjahr große gelbe Blütenstände. Die Triebe werden im Alter leicht brüchig; obere Triebe großer Pflanzen entfernen und am besten mehrere Stecklinge zusammen wurzeln lassen, um neue Büsche zu erhalten.
H. 90 cm, B. 1,2 m. Mind. 5 °C.

Aeonium haworthii

Die sonnenhungrige Pflanze sproßt reich und bildet üppige Polster; sie eignet sich jung gut für Miniaturgärten. Im Frühjahr blühen einige der älteren Endtriebe cremefarben bis gelb.

H. 60 cm, B. 1,2 m. Mind. 2 °C.

Aeonium arboreum ›Albovariegatum‹

Die Blattrosetten der großen, strauchartigen Zuchtsorte sind im Sommer am schönsten: Dann sind sie panaschiert und rosa überhaucht. Die Panaschierung kann im Winter vorübergehend verschwinden. Etwas langsamer wachsend als die grünblättrige Art A. *arboreum*, sonst ähnlich.

H. 90 cm, B. 1,2 m. Mind. 5 °C.

Aeonium arboreum ›Schwartzkopf‹

So dunkelviolett, daß sie fast schwarz wirkt, behält diese Zuchtsorte ihre dramatische Färbung am hellen Standort auch im Winter. Die Pflanze hat größere Rosetten als die Art und ist robuster. Auffallendes Exemplar für Sommerbeeteinfassungen.

H. 90 cm, B. 1,2 m. Mind. 5 °C.

AGAVE

DIE SUKKULENTEN DIESER GATTUNG sind stammlose Rosettenpflanzen von 15 cm bis 5 m Durchmesser. Die bestachelten, dickfleischigen Blätter sind bei Pflanzen aus kühleren Breiten meist blaugrün, in wärmeren Klimaten zart graugrün. Ausgewachsen – nach rund fünf Jahren bei kleineren Spezies und bis zu 40 Jahren bei größeren – entwickelt sich ein hoher, kandelaberartiger Blütenstand mit zahlreichen langen offenen, glockigen Sommerblüten, meist in Weiß-, Gelb- oder Grüntönen. Nach der Fruchtreife sterben die Rosetten ab, haben dann aber bereits mehrere Ableger gebildet. Heimisch in den subtropischen und tropischen Trockengebieten Amerikas, besiedeln die rund 450 sonnenhungrigen Arten Lebensräume von den Küsten bis zu den Gebirgen.

Agave americana ›Variegata‹

Amerikanische Agave
Typisch für die prachtvolle Beet- und Kübelpflanze sind gelbgeränderte Blätter, die bis zu 1,5 m lang werden. Große, duftende, cremefarbene Blüten erscheinen nach 20–30 Jahren an einem 2–7,5 m hohen Blütenstand.
H. 1,5 m, B. 3,7 m. Mind. 0 °C

HÖHE UND BREITE

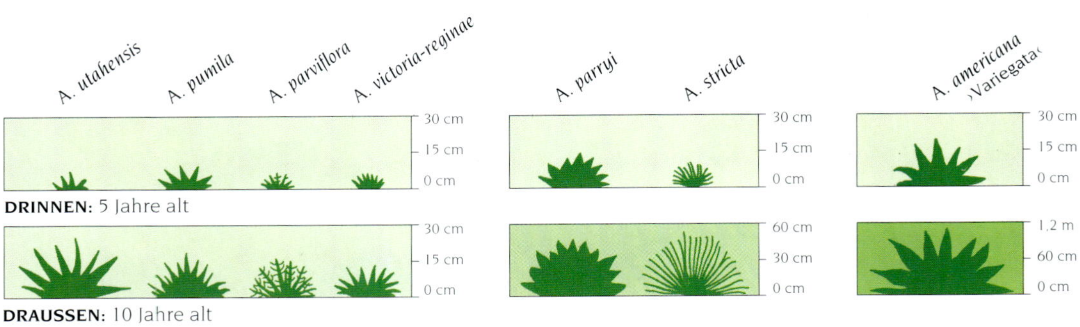

Agave utahensis

Die kleine bis mittelgroße Pflanze ist eine der unempfindlichsten Spezies und trägt bestachelte, grau-, blau- oder dunkelgrüne Blätter. Gelbe Blüten nach 8–10 Jahren.
H. 30 cm, B. 60 cm. Mind. -5 °C.

Agave parryi

Im Alter von 20–30 Jahren entspringt der hübschen, breitblättrigen, großen Pflanze ein 3,7 m hoher Blütenstand mit cremefarbenen bis gelben Blüten.
H. 60 cm, B. 1,2 m. Mind. 0 °C.

Agave pumila

Seit wenigen Jahren als Miniaturform in Kultur, wird diese langsam wachsende Art nur mäßig groß. Blüten sind noch nicht festgestellt worden.

H. 38 cm, B. 60 cm. Mind. 2 °C.

Agave parviflora

Dem Rand des weißgebänderten, dunkelgrünen Blatts entspringen helle Fasern, die den Kontrast noch verstärken; ihnen verdankt die kleine Spezies ihre Beliebtheit als Topfpflanze. Nach sieben Jahren an 1,2–2 m hohem Blütenstand grüne Blüten, nach Bestäubung meist selbstbefruchtend.

H. 15 cm, B. 23 cm. Mind. 2 °C.

Agave stricta

Eine der wenigen Agave-Spezies, deren Blattrosette nach der Blüte nicht abstirbt: Sie entwickelt einen kurzen Stumpf, der sich zur Bildung neuer Wachstumspunkte verzweigt. Der erste Blütenstand mit weißen Blüten erscheint mit 10 oder 15 Jahren, weitere in Abständen von 5–10 Jahren. Später niederliegend und reich sprossend, große Polster bildend.

H. 60 cm, B. 1,5 m. Mind. 2 °C.

Die zunächst eng aneinanderliegenden Blätter der jungen Rosette hinterlassen ein Muster aus weißen Streifen.

Agave victoria-reginae

Die Art bildet aus einer kurz-breitblättrigen Rosette mit auffallend weiß geränderten und gebänderten Blättern eine eindrucksvolle Kugel, wodurch sie sich bei Sammlern bereits früh großer Beliebtheit erfreute. Die Blätter sind bei jungen Pflanzen steif und gerade, bei älteren einwärts gekrümmt. Nach 20–30 Jahren erst 60–90 cm groß; dann cremefarbene Blüten. Manche Formen reich sprossend.

H. 30 cm, B. 60 cm. Mind. 2 °C.

ALOE

VON ARABIEN BIS SÜDAFRIKA weit verbreitet, reichen die Aloe-Spezies von der 2,5 cm großen stammlosen Rosette bis zum 9 m hohen »Baum«. Die rund 300 Arten der Gattung werden häufig mit den *Agaven* (siehe S. 106–107) verwechselt. Die *Aloe* blüht – anders als die *Agave* – jedes Jahr; spiralig verdrehte Zeilen dachziegelartig angeordneter Blätter entwachsen einer Sproßachse, stehen also nicht rosettenartig. Auf hohen Blütenständen erscheinen meist im Winter und Frühjahr lange, offene, röhrige Blüten, die rot, orange, grün oder gelb sein können. Die kleine, ovale Frucht ist grün. Größere Spezies mögen Sonne, kleinere brauchen Schatten, manche ruhen im Sommer.

Aloe kedongensis

Die schnell wachsende, lichthungrige Spezies verzweigt sich und sproßt reich; sie bildet gern große, dichte, strauchige Kolonien, ist also leicht zu vermehren, sogar noch durch 2 m lange Stecklinge. Die Blätter sind in Länge und Breite variabel. In warmen Monaten auch jung zahlreiche Blüten über längere Zeiträume, gut verteilt an Einzeltrieben.

H. und B. 3,7 m. Mind. 7 °C.

HÖHE UND BREITE

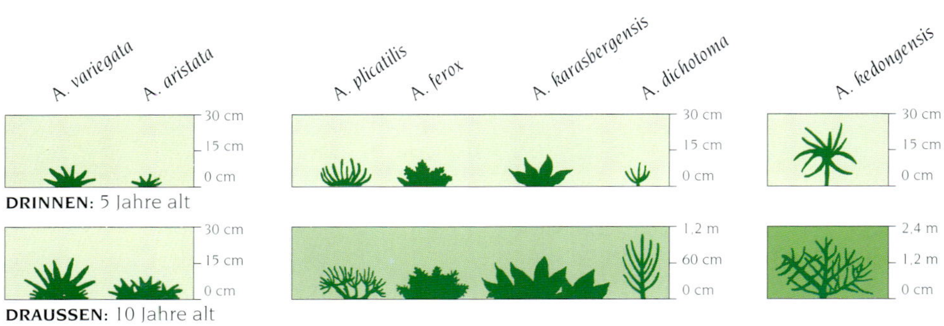

Aloe plicatilis

Die lichthungrige, schließlich große und seltsam strauchig wachsende Pflanze ruht im Sommer. Von Frühjahr bis Sommer orange oder rot und nur wenig blühend.

H. und B. 3 m. Mind. 7 °C.

Aloe ferox

Ältere Exemplare haben meist weniger bestachelte Blätter. Im Frühjahr verzweigter Blütenstand mit orange-roten Blüten. Lichthungrig, erträgt trockene Kälte.

H. 5 m, B. 2 m. Mind. 2 °C.

Aloe variegata

Tigeraloe, Bunte Aloe

Die Frühjahrsblüten sind lachs- bis scharlachrot. Die kleine Rosette bildet jung nur langsam Ableger; im Alter spiralig.

H. 23 cm, B. 60 cm. Mind. 7 °C.

Aloe karasbergensis

Die Blätter der stammlosen, gruppenbildenden Art variieren von blaß-grünlichweiß bis malvenfarben und sind mit helleren Streifen oder Bändern aus Flecken gemustert. Ab etwa 45 cm Größe entwickeln sich im Sommer hohe Blütenstände mit gut verteilten, blaßrosa bis erdbeerroten Blüten. Bevorzugt Sonne.
H. und B. 3,7 m. Mind. 7 °C.

Aloe aristata

Die gezähnten Ränder und die lang und weich bestachelten Blattspitzen lassen an Spitzenmuster denken. Die Blätter der bereitwillig sprossenden Pflanze krümmen sich bei Trockenheit oder in der Ruhephase einwärts. Im Frühjahr bis Frühsommer orange-rote Blüten an 90 cm hohem Blütenstand. Gedeiht gut bei Sonne wie auch im Schatten, erträgt trocken leichten Frost.
H. 15 cm, B. 90 cm. Mind. 2 °C.

Aloe dichotoma

Drachenbaumaloe
Langsam, oft vieltriebig verzweigend, hellt diese Aloe mit Blütenständen dichter, gelber Blüten die Winterstimmung auf. Bei Kälte und Feuchtigkeit Fäulnisgefahr.
H. 9 m, B. 6 m. Mind. 7 °C.

BRACHYSTELMA

DIESE SUKKULENTEN HABEN knollige Wurzeln und rankende Blätter, die abgeworfen werden und bei Trockenheit absterben. Sie tragen kleine, eigenartig geformte Blüten und höckerige Samenkapseln. Es sind ca. 100 variable Spezies bekannt, die meisten aus dem südlichen Afrika und Indien, doch werden immer noch neue Arten entdeckt. Die anspruchsvollen, langsam wachsenden Pflanzen sind empfindlich gegen feuchte Kälte und trockene Hitze; sie mögen grobkörniges Substrat, in dem die Knolle bündig mit der Erde sitzt.

HÖHE UND BREITE

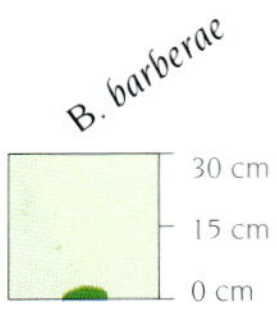

DRINNEN:
5 Jahre alt

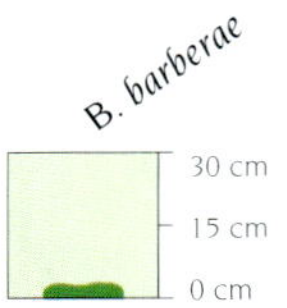

DRAUSSEN:
10 Jahre alt

Brachystelma barberae

Ihr Reiz liegt in ihrer bizarren Erscheinung. Von Frühjahr bis Frühsommer erscheinen auf den Jungtrieben der großen Knollen nach Aas riechende, kastanien- bis schokoladenbraune Blüten. Kleine, ovale Blätter an kurzen, strauchigen Trieben. Bevorzugt Sonne in der Wachstumsphase.

H. 2,5 cm, B. 20 cm. Mind. 10 °C.

CARALLUMA

DIE EIGENARTIG FLEISCHIGEN BLÜTEN dieser Gattung mit ca. 100 variablen Arten sind meist strahlig, oft gemustert und purpurn, schwarz oder gelb bis rot gefärbt. Sie entspringen fast immer der Basis und öffnen sich im Sommer oder Herbst. Die kantigen Triebe tragen rückgebildete, dornartige Blätter. In der Heimat Afrika und Indien wachsen die Pflanzen in der Art der von Pilzen bekannten »Hexenringe«, die sich mit absterbendem Zentrum nach außen erweitern. In Kultur trifft dies bei Kälte und Feuchtigkeit zu, also jährlich Ableger nehmen oder in Ampeln pflanzen.

HÖHE UND BREITE

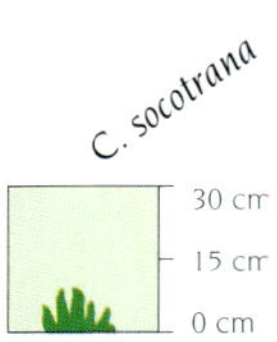

DRINNEN:
5 Jahre alt

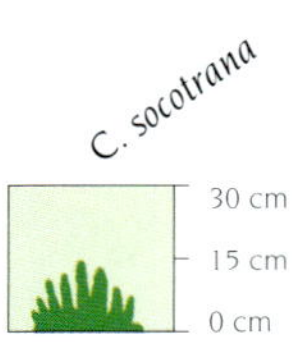

DRAUSSEN:
10 Jahre alt

Caralluma socotrana

Besonderheit dieser Pflanze sind die kräftig modellierten, korallenartigen Triebe. Kurze Sprosse verzweigend, später niederliegend, manchmal vertrocknet aussehend. Gedeiht bei Sonne und Schatten. Kapseln zweihöckerig, papierartig.

H. 15 cm, B. 60 cm. Mind. 10 °C.

CEROPEGIA

STÄNDIG ERWEITERT WIRD DIESE mehr als 150 Arten umfassende Gattung, die von Afrika bis Fernost weit verbreitet ist. Meist sind es kleine, Schatten bevorzugende Spezies, viele von ihnen mit kletternden Trieben. Die Arten mit Knollenwurzeln sind laubabwerfend, andere sterben bei Trockenheit teilweise ab. Häufig brauchen sie Wärme zum Gedeihen und Blühen über längere Zeiträume; sie bringen zahlreiche gefleckte Blüten hervor. Die Frucht ist zweihöckerig.

HÖHE UND BREITE

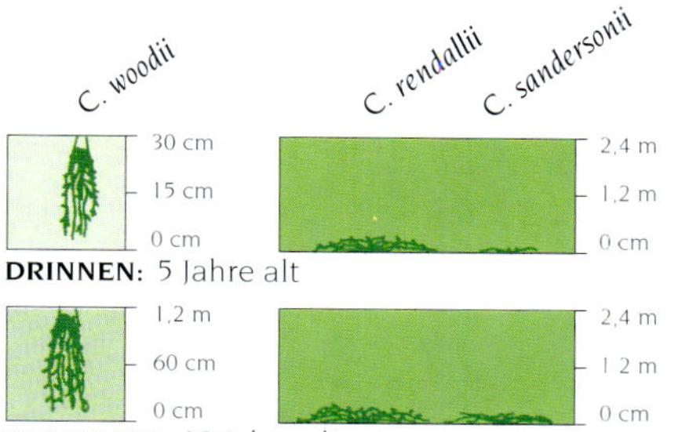

DRINNEN: 5 Jahre alt

DRAUSSEN: 10 Jahre alt

Ceropegia rendallii

Eine variable Art mit laubabwerfenden, rankenden Trieben, die lange, offene Sommerblüten und kleine Früchte tragen. Die Knollenwurzel bildet in der Erde langsam Klumpen. Bevorzugt Streulicht oder Schatten, fault bei feuchter Kälte.

Wurzeln: B. 5 cm, Triebe: L. 1,1 m. Mind. 10 °C.

Ceropegia sandersonii

Einige Male in jedem Sommer erscheint an der fleischig bewurzelten Art eine Fülle großer, meist kegeliger Blüten mit fallschirmartiger Haube. Sie sitzen am ganzen Trieb und bleiben einige Tage geöffnet.

L. und B. unbegrenzt. Mind. 10 °C.

Ceropegia woodii

Die in Form und Farbe variablen Blätter dieser *Ceropegia* sind graugrün bis rotbraun. Herzförmig-paarige sind am häufigsten und schönsten. Im Sommer trägt die Pflanze malven- bis rosafarbene Blüten, die behaart sind.

L. und B. unbegrenzt. Mind. 5 °C.

CONOPHYTUM

DIESE POLSTERBILDENDEN PFLANZEN bestehen aus paarigen, verdickten Blättern; jedes ist entweder gekerbt und bildet so zwei »Ohren«, oder ist vereint und kugelig. Im Frühsommer ruhen die Blätter und verkümmern zu einer Blattscheide, die ein sich entwickelndes Blattpaar schützend umgibt. Im Herbst brechen die neuen Blätter durch, später entspringen den Blattspalten strahlige Blüten. Der ungewöhnliche Wachstumszyklus erfordert vorsichtiges Gießen. Diese Sukkulenten aus Südafrika und Namibia brauchen 20–30 Jahre, bis sie 15 cm Durchmesser erreichen. Die über 400 Arten wurden zu ca. 100 Spezies zusammengefaßt.

HÖHE UND BREITE

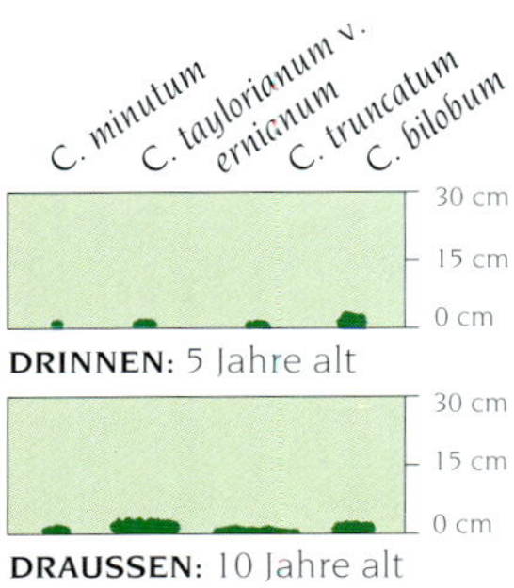

Conophytum minutum

Kleine, »sommersprossige« grüne Köpfchen bilden ein hübsches, kugelförmiges Polster. Die sehr variable Art hat meist kegelige Blattspitzen und braucht 20 Jahre, bis sie einen 8 cm großen Topf ausfüllt.
H. 2,5 cm, B. 10 cm. Mind. 6 °C.

Conophytum taylorianum v. *ernianum*

Die grüngrauen Blattköpfe – meist nahezu vierkantig mit zwei kurze Ohren – bilden ein relativ großes Polster. Die sehr blühwillige Sukkulente bringt kleine, rosa- bis malvenfarbene Blüten hervor.
H. 8 cm, B. 38 cm. Mind. 6 °C.

Conophytum truncatum

Meist graugrün mit dunkleren Flecken, sind die Köpfchen dieser variablen Art vertieft mit eingesenkten Spalten. Blüten abends offen, mit spinnenartigen Blütenblättern, lachs-, stroh- oder elfenbeinfarben.
H. 2,5 cm, B. 18 cm. Mind. 6 °C.

Conophytum bilobum

Diese Spezies variiert stark und ist eine der größten der Gattung, mit hasenohrartigen Blattköpfchen, bis 5 cm hoch. Im Sommer selten ruhend; reich blühend in Gelb- oder Kupfertönen.
H. 8 cm, B. 18 cm. Mind. 6 °C.

COTYLEDON

HÖCHST VIELGESTALTIG, UMFASST diese langsam bis mäßig schnell wachsende Gattung afrikanischer Sukkulenten kleine knorrige Pflanzen wie auch große Sträucher. Das manchmal behaarte Laub kann weiß oder silbrig bis grünlich-gelb oder braun sein. Es sind sehr blühwillige Pflanzen, die weiße oder hellgelbe bis dunkelorange- und purpurfarbene Blüten tragen. Trocken-papierene Hülsen enthalten staubartigen Samen. Manche der ca. 60 Arten bevorzugen Sonne, andere gedeihen im Schatten.

Cotyledon buchholziana

Typisch für diese lichthungrige Art sind die braunen, schlank-röhrigen und aufrechten Sprosse. Blätter erscheinen nur kurz nach den Herbstblüten, die einzeln stehen, lange offen und rostrot oder violett sind. Bei zuviel Feuchtigkeit Fäulnisgefahr.
H. 15 cm, B. 38 cm. Mind. 6 °C.

HÖHE UND BREITE

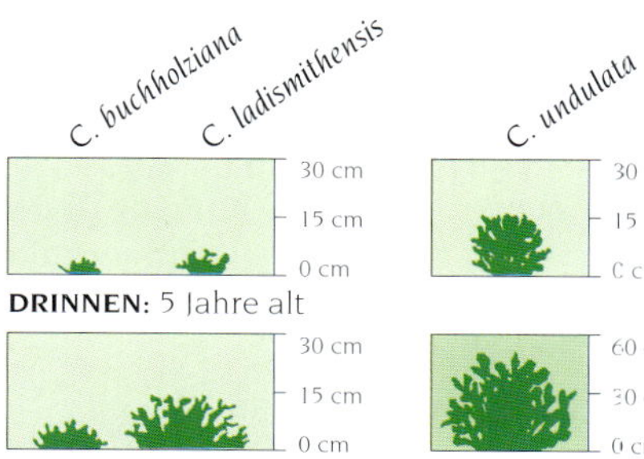

DRINNEN: 5 Jahre alt

DRAUSSEN: 10 Jahre alt

Cotyledon undulata

Die fleischigen Blätter der lichthungrigen, strauchigen Art sind herrlich dicht bereift und manchmal scharlachrot gerandet. An langen Stielen sitzen orangefarbene bis rote Blüten. Draußen färben sich die Blätter im Sommer unter ihrem silbrigen Reif purpurn. Nach einigen Jahren unansehnlich wuchernd, also aus Ablegern nachziehen.
H. 60 cm, B. 1,2 m. Mind. 7 °C.

Cotyledon ladismithensis

Die fleischigen Blätter des kleinen Strauchs tragen vorn drei oder mehr Zähne, können behaart und hellbraun gefärbt sein. Im Sommer senffarbene bis grünlich-braune Blüten an den kurzen Trieben. Kann halb niederliegend sein.
H. 30 cm, B. 60 cm. Mind. 6 °C.

CRASSULA

ZU DIESER GROSSEN GATTUNG aus Afrika und Madagaskar gehören viele beliebte Sukkulenten mit fleischigen Blättern. Die rund 350 Arten sind sehr vielgestaltig; manche werden nur 2,5 cm hoch, andere dagegen wachsen zu 5 m hohen Bäumen heran. Sie sind langsam oder schnell wachsend, einzeln oder in Gruppen stehend, lichthungrig oder schattenliebend, leicht oder schwierig zu pflegen. Meist legen sie im Sommer eine Pause ein; sie tragen vom Spätherbst bis zum zeitigen Frühjahr endständige Blüten. Diese sind meist weiß, rosa oder rot, lange offen und im Winter willkommene Farbtupfer. Die Frucht ist winzig.

Crassula ovata

Geldbaum
Richtig gedüngt und im Sommer gegossen, bringt diese strauchige bis baumartige immergrüne Sukkulente vom Spätherbst bis Winter dicht mit weißen Blüten besetzte Blütenstände hervor. Wirft nach Formschnitt im Frühjahr alte Blätter ab.
H. 5 m, B. 1,5 m. Mind. 5 °C.

HÖHE UND BREITE

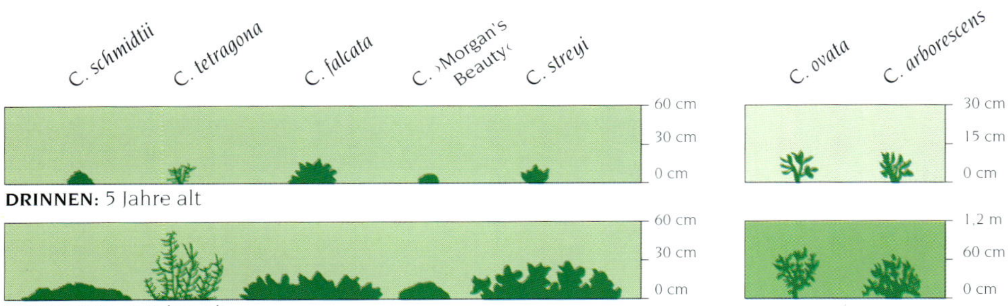

Crassula arborescens

Pfennigbaum
Am sonnigen Standort sind die runden, wachsartigen, bläulichen Blätter rotgerändert. Regelmäßig zurückschneiden, damit überhängende Triebe nicht zu schwer werden. Im Spätherbst rosa Blüten.
H. 3 m, B. 1,2 m. Mind. 5 °C.

Crassula schmidtii

Die kleine Spezies ist eine ideale winterblühende Topfpflanze; sie trägt winzige, manchmal rotfleckige Blätter und hellrosa bis rote Blüten. Rasch mattenbildend; verwelkte Blüten entfernen. Bevorzugt Halbschatten, nimmt feuchte Kälte übel.
H. 10 cm, B. unbegrenzt. Mind. 5 °C.

Crassula tetragona

Jung erinnert der kleine, aufrechte, lichthungrige Strauch mit den glänzenden, nadelartigen Blättern an Koniferen; er eignet sich gut für Miniaturgärten. Im Herbst kleine weiße Blüten. Nach der Blüte gegen Ausbreitung beschneiden.
H. 60 cm, B. unbegrenzt. Mind. 5 °C.

Crassula falcata

Sichelblatt, Sicheliges Dickblatt
Diese lichthungrige Art trägt eine reich verzweigte Trugdolde mit kleinen roten Blüten. Mehrtriebig kann sie sich bis zum niederliegenden Polster ausbreiten. Dann entspringen Jungtriebe der Basis und den Triebspitzen. Als Stecklinge verwenden, alte Pflanzen entfernen.
H. 23 cm, B. 3 m. Mind. 5 °C.

Crassula ›Morgan's Beauty‹

Die Winterblüten dieser langsam wachsenden Hybride gehören zu den schönsten der Gattung; sie bilden einen hübschen Kontrast zum silbrigen Laub. Im Winter sparsam gießen, große Polster teilen, um Fäule zu vermeiden. Mag Sonne und Schatten.
H. 13 cm, B. 90 cm. Mind. 10 °C.

Crassula streyi

Der starke Kontrast der unterschiedlich gefärbten Blattflächen macht diese Pflanze zu einem Prunkstück. Bei schattigem Standort werden die glänzenden Blätter oberseits dunkelgrün, unterseits weinrot; bei Sonne wird das Laub matt und trüb. Im Herbst Blütenstände mit weißen Blüten. Triebe niederliegend, flache Polster bildend.
H. 30 cm, B. 2 m. Mind. 10 °C.

CYPHOSTEMMA

MANCHE ARTEN DIESER GATTUNG werden in Deutschland seit mehr als 400 Jahren kultiviert. Die mittelgroßen bis großen Sukkulenten haben einen knolligen, nicht verholzenden Stamm (siehe S. 10), aus dem im Sommer – manchmal recht spät – beblätterte Sprosse treiben. Nach 10–20 Jahren erscheinen an den Triebspitzen kleine grüngelbe Blütenstände. Dann bringen diese afrikanischen Verwandten des Weins ungenießbare, traubenähnliche Früchte hervor. Viele der ca. 20 langsam wachsenden, lichthungrigen Spezies sondern an der Blattunterseite weiße Latextröpfchen ab, die fälschlicherweise für Schädlingsbefall gehalten werden.

Cyphostemma juttae

Eine der größeren Arten mit normalerweise flaschenförmigem Stamm. Im hohen Alter verzweigt sie sich scheitelnah und wird schließlich groß-strauchig. In Kultur zwar weitverbreitet, kann sie aber schwer zu pflegen sein, da sie Kälte und Feuchtigkeit nicht mag. Frucht bei Reife rot.

H. 2 m, B. 30 cm. Mind. 10 °C.

HÖHE UND BREITE

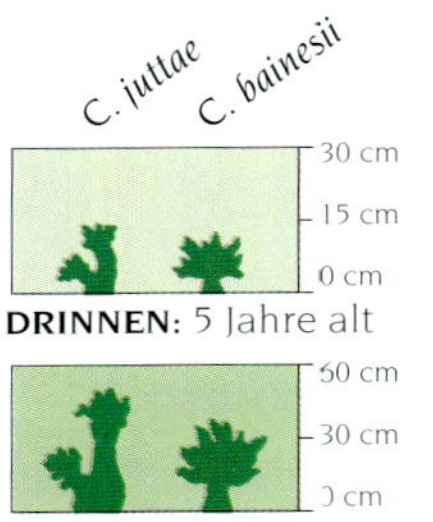

DRINNEN: 5 Jahre alt

DRAUSSEN: 10 Jahre alt

Cyphostemma bainesii

Der konische, nahezu flaschenförmige Stamm wird im hohen Alter meist knollig-dick. Die fleischigen Blätter sind dreigliedrig unterteilt. Jung sind sie silbrig-grün. Die Pflanze kann anspruchsvoll sein, da sie bei Feuchtigkeit zu Fäule neigt. Die grüne Frucht wird bei Reife rot.

H. 76 cm, B. 60 cm. Mind. 10 °C.

Dudleya

Die Blätter dieser in der Regel kleinen Rosetten sind oft silbrig bereift. Im Sommer erscheinen an den langen, manchmal niederliegenden Trieben kleine, lange göffnete Blüten, die meist gelb sind. Am besten hält man die lichthungrigen Pflanzen den Winter über trocken. Die ca. 40 einzeln oder in Gruppen stehenden Spezies sind variabel und kreuzen sich in ihrer Heimat USA und Mexiko wild.

HÖHE UND BREITE

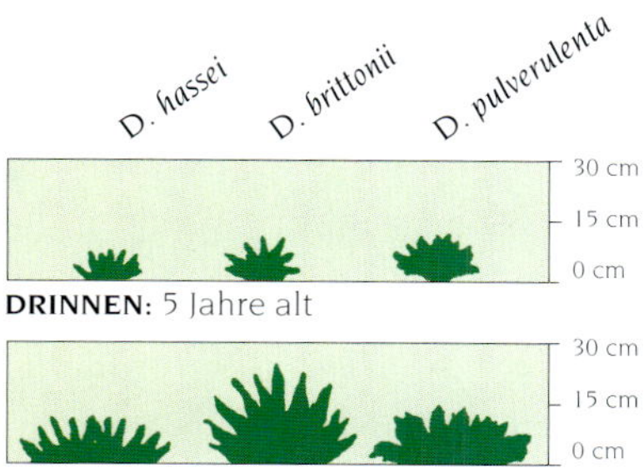

DRINNEN: 5 Jahre alt

DRAUSSEN: 10 Jahre alt

Dudleya hassei

Die spitzblättrigen Rosetten erreichen bis zu 13 cm Durchmesser und verzweigen sich reich zu großen, korallenähnlichen Kolonien. Die weißen Blüten sitzen an 30 cm langen Stielen, die seitlich entspringen. Durch die offene Wuchsform weniger fäulnisanfällig als viele andere *Dudleya*.

H. 23 cm, B. 90 cm. Mind. 7 °C.

Dudleya brittonii

Meist auffallend silbrig-weiß bereift, erinnert dieser Solitär an eine Blüte. An 90 cm langen Stielen zahlreiche blaßgelbe Blüten.

H. 38 cm, B. 76 cm.
Mind. 10 °C.

Dudleya pulverulenta

Die dichten Blattrosetten dieser kleinen Spezies variieren silbrig-grau bis reinweiß. Sie verzweigt sich langsam zu relativ dicht stehenden Polstern niederliegender Triebe. Für die Gattung ungewöhnlich, trägt sie scharlachrote Blüten an bis zu 1,5 m langen Blütenständen. Wegen Fäulnisgefahr vor winterlicher Kälte und starker Feuchtigkeit schützen.

H. 18 cm, B. 76 cm. Mind. 10 °C.

ECHEVERIA

MEXIKO IST DIE HEIMAT der meisten rosettenbildenden Sukkulenten dieser großen Gattung. Die rund 150 Spezies variieren in Wuchs und Größe und sind grün bis blau, rot, violett oder rosa. Im Frühjahrs- und Sommerwachstum sind sie grüner, ruhend sind sie prächtig gefärbt. Manche haben hohe Stämme, andere sind stammlos. Der Rosette entspringen lange Stengel mit glockigen Blüten, die oft zweifarbig in Goldgelb-, Orange- und Rottönen erscheinen. Die Frucht ist klein, trocken und beerenartig. Zu jeder Jahreszeit gibt es blühende *Echeverien*. Einige Arten sind sehr anspruchsvoll, aber die Tausenden von Hybriden sind leicht zu pflegen und zudem hübsch. Im allgemeinen lichthungrig, ist *Echeveria* draußen kompakter und farbintensiver, aber an einem hellen Platz gedeihen sie auch drinnen. Viele Arten ertragen trockene Kälte, faulen aber bei Feuchtigkeit.

Echeveria fimbriata

Diese aufrecht-strauchige Pflanze blüht im Spätsommer rot und orange oder rot und gelb. Laub meist violett-grün.
H. 60 cm, B. 90 cm. Mind. 5 °C.

HÖHE UND BREITE

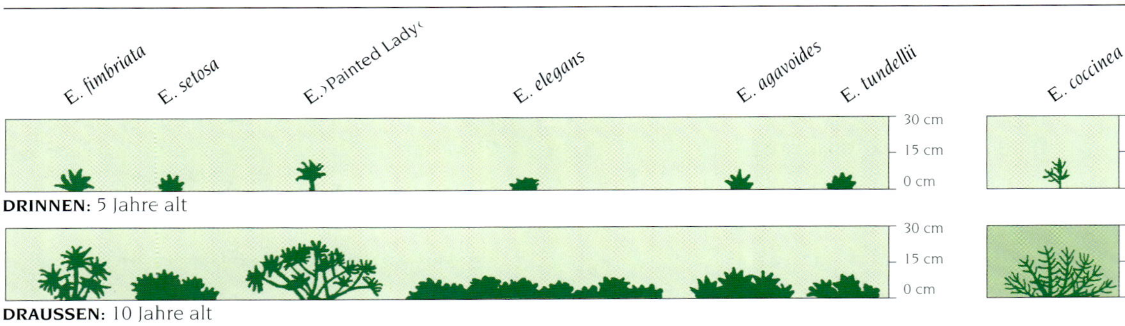

Echeveria setosa

Die Sommerblüten dieser kleinen, variablen, gruppenbildenden Art sind blaßgelb und rot. Fäule- und brandfleckenanfällig, braucht trockenen, schattigen Platz.
H. 13 cm, B. 90 cm. Mind. 7 °C.

Echeveria ›Painted Lady‹

Die strauchige Hybride hat im Sommer rote Blüten und oft deutliche Blattzeichnungen. Bildet im Alter niederliegende Gruppen; in mehrjährigen Abständen teilen.
H. 38 cm, B. unbegrenzt. Mind. 5 °C.

Echeveria coccinea

Die üppigen, rötlich-gelben Frühjahrsblüten dieser strauchigen, schmalblättrigen Spezies sind bei Beschnitt dauerhaft. Art zunächst aufrecht, später niederliegend und wurzelnd, polsterbildend.
H. 60 cm, B. 90 cm. Mind. 5 °C.

Echeveria elegans

Diese Spezies bietet sich für vornehme Sommerbeete an. Bei Vollsonne entwickelt sie eine rosa Schattierung, im Sommer blaßgelbe Blüten. Polster aus Ablegern der meist kleinen, schnell wachsenden Eltern.
H. 8 cm, B. unbegrenzt. Mind. 5 °C.

Echeveria agavoides

Vor allem wegen des variablen und hübschen Laubs geschätzt, bildet diese große, stammlose Rosette willig Ableger und eindrucksvolle Kolonien. In voller Sonne färben sich die meist blaßgünen Blätter rot. Kleine rötliche Sommerblüten.
H. 25 cm, B. 90 cm. Mind. 5 °C.

Echeveria tundellii

Die flaumigen, zartblauen Rosetten entwickeln sich zu kleinen Gruppen, die im Sommer den Hintergrund für die überhängenden Stengel mit leuchtendroten und -gelben Blüten bilden. Blüten bereits bei 2,5 cm Größe der Pflanze.
H. 13 cm, B. 60 cm. Mind. 5 °C.

EUPHORBIA

DIESE GROSSE GATTUNG VON STRÄUCHERN und mehrjährigen Pflanzen umfaßt rund 1200 Sukkulenten, hauptsächlich aus den Tropen und Subtropen. Sie reicht von kleinen Spezies zu baumähnlich verzweigten, meist lichthungrigen Arten. Die kleinen Blüten sind ohne Kron- und Tragblätter, aber oft umschlossen von farbigen, lange offenen Deckblättern; zum Fruchten werden männliche und weibliche Pflanzen benötigt. Man sollte *Euphorbia* oder Wolfsmilch nur mit Handschuhen anfassen, da ihr giftiger Saft zu Hautreizungen und Erblindung führen kann. Bei verletzten Pflanzen wird der Milchsaftfluß durch Eintauchen in Wasser unterbunden.

Euphorbia obesa

Der stachellos-glatte Körper ist meist olivgrün und trägt blaßgrüne bis rotbraune Streifen. Im Alter wird der flachkugelige Körper kurzzylindrisch. Im Sommer scheitelnahe, unscheinbare Tragblätter. Die Pflanze verträgt Sonne und Schatten und braucht wintertrockene Ruhe.

H. 20 cm, B. 13 cm. Mind. 10 °C

HÖHE UND BREITE

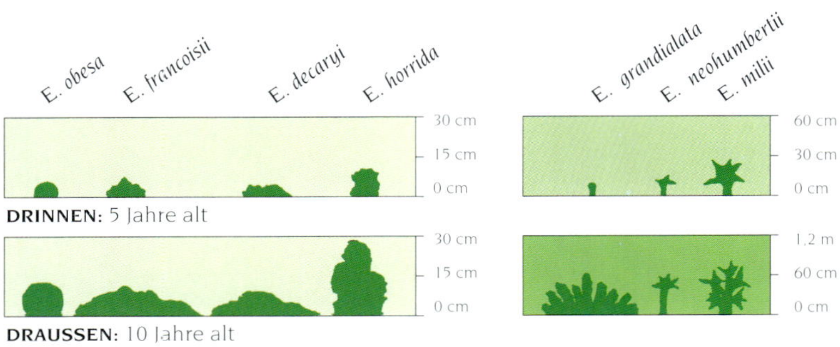

Euphorbia francoisii

Die Blätter können dunkelgrün, weiß oder rot und in der Form sehr verschieden sein. Im Sommer erscheinen an den Spitzen der kurzen, niederliegenden Triebe gelbgrüne, nierenförmige Tragblätter. Kleine Sukkulente mit Pfahlwurzel, breitet sich über Triebe im Erdreich aus.

H. 13 cm, B. 38 cm. Mind. 10 °C.

Euphorbia grandialata

Die bestachelten, kantigen Triebe haben ein hellgrünes Muster und stehen zunächst aufrecht, verzweigen sich dann an der Basis relativ schnell und strauchig. Im Sommer kleine Blüten ohne Kronblätter, mit korallenroten Tragblättern. Die Pflanze gedeiht sonnig am besten.

H. 2 m, B. 2,4 m. Mind. 10 °C.

Euphorbia neohumbertii

Der aufrechte Stamm der Sukkulente trägt eine große Rosette variabler Blätter, die abgeworfen werden. Jungtriebe aus gebändertem, meist hellbraunem Stamm hellgrün. Im Frühjahr Tragblätter, klein, grün, rotspitzig, Stamm dann noch kahl. Verträgt Sonne wie Schatten, aber keine Kälte.
H. und B. 60 cm. Mind. 10 °C.

Euphorbia milii

Christusdorn
Bei feuchtwarmen Bedingungen öffnen sich an Jungtrieben das ganze Jahr über weiße, goldgelbe, rote oder orangefarbene Hochblätter. In wärmeren Breiten eignet sich der bestachelte Strauch für Hecken. Die variable Art mag Sonne und Schatten.
H. 2 m, B. 1,5 m. Mind. 13 °C.

Euphorbia decaryi

Kurze, aufrechte Triebe mit endständigen Rosetten variabler Blätter wachsen aus sich langsam ausbreitenden, unterirdischen Trieben. Im Sommer gelbgrüne und rote Tragblätter an den Sproßspitzen. Bevorzugt Schatten; gegen Fäule vor Kälte und starker Feuchtigkeit schützen.
H. 15 cm, B. 60 cm. Mind. 10 °C.

Euphorbia horrida

Mit markant gerippten, verdickten, säuligen Trieben und langen roten Dornen wirkt diese Pflanze wie ein Kaktus mit Ablegern. Im Sommer violette Tragblätter am oberen Rippenteil. Gelegentlich verzweigend.
H. 1,2 m, B. 90 cm. Mind. 10 °C.

FAUCARIA

DIE FLEISCHIGEN HELLGRAUGRÜNEN BLÄTTER dieser südafrikanischen Pflanzen sind dreikantig, fast alle haben Ränder mit kräftigen zurückgebogenen Zähnen – so erklärt sich der Name Tigerrachen. Die ca. 30 lichthungrigen Spezies verzweigen sich später oft zu Polstern. Schon nach zwei Jahren entspringen dem Rosettenzentrum im Herbst große, sitzende, leuchtend-gelbe Blüten, die sich in der Sonne öffnen. Das Wachstum setzt im späten Frühjahr oder Frühsommer ein, nach der Blüte ruhen die Pflanzen. Die grüne Frucht ist bei Reife holzig. Um Fäule zu vermeiden, im zeitigen Frühjahr nicht zu stark gießen.

Aufsitzende Blüten

HÖHE UND BREITE

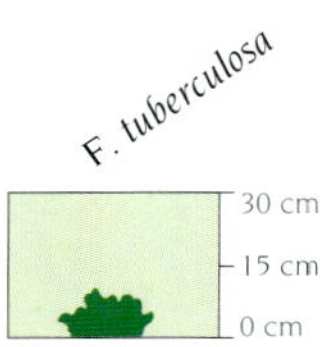

DRINNEN:
5 Jahre alt

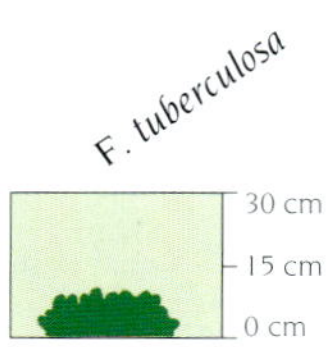

DRAUSSEN:
10 Jahre alt

Faucaria tuberculosa

Die meist dicken, kurzen und dreikantigen Blätter sind oberseits mit seltsamen »Warzen« – kleinen, weißen Knötchen – besetzt. Anzahl der Warzen und Zähne je nach Pflanze stark variierend. Blüten rund 5 cm Durchmesser.
H. 10 cm, B. 60 cm. Mind. 5 °C.

FRITHIA PULCHRA

DIE EINZIGE SPEZIES DIESER GATTUNG bildet eine kompakte, stammlose Rosette dickfleischiger Blätter mit Fenstern in den Blattkuppen. Ausgewachsen ist diese Sukkulente meist höchstens 2,5 cm hoch und 13 cm breit. Bei Sonne öffnen sich im späten Frühjahr bis Herbst zahlreiche kleine, purpurne bis rosafarbene, strahlige Blüten, die an der Basis weiß sind. Die Frucht ist klein und braun. Älter als fünf Jahre wird diese Pflanze meist nicht, bildet aber langsam Ableger, die zur Vermehrung genutzt werden können. Da frostempfindlich, braucht sie zum Gedeihen einen sonnigen Platz und mindestens 5 °C.

HÖHE UND BREITE

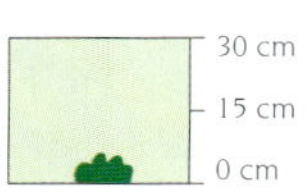

DRINNEN:
5 Jahre alt

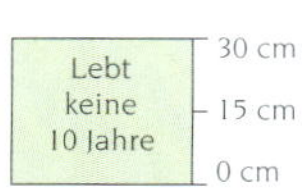

DRAUSSEN:
10 Jahre alt

Fleischige, zehenartige Blätter mit rauher, grauer Oberfläche

Blattkuppen mit »Fenstern«, die Sonnenlicht filtern

GASTERIA

IN JUNGEM ALTER HABEN diese kompakten Rosetten anfangs zweizeilig, später spiralig gestellte, fleischige Blätter. Diese sind meist dunkelgrün und variabel weiß gefleckt, gestreift oder marmoriert. Verwandt mit der *Aloe* (siehe S. 108–109), treten ebenfalls lange haltende, röhrenförmige Blüten an langen Blütenständen auf. Sie erscheinen im Frühjahr und sind meist orange oder rot mit gelbgrünen Spitzen. Ausgewachsene Pflanzen blühen bis zum Winter. Die grüne Frucht wird bei Reife braun. Die 75 Arten aus dem südlichen und südwestlichen Afrika gedeihen bei Sonne und Schatten.

HÖHE UND BREITE

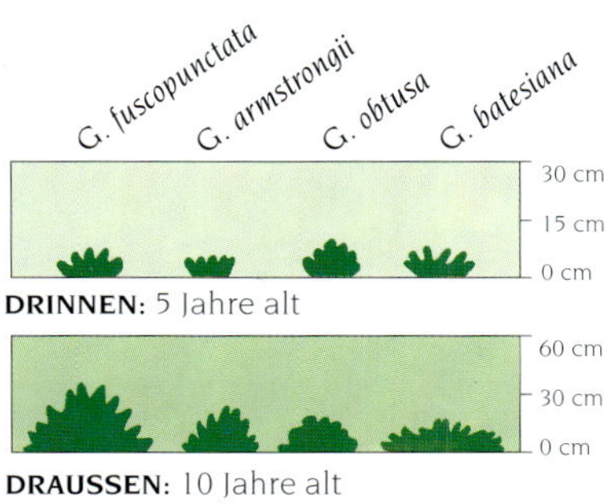

Gasteria fuscopunctata

Diese Sukkulente bringt an eleganten, sich biegenden Rispen zierliche, herabhängende Blüten hervor. Die gespitzten Blätter werden 30 cm und mehr lang – damit ist diese Spezies eine der größte der Gattung und für große Sammlungen oder Standorte mit viel Platz sehr geeignet. Die spitzblättrige Rosette – dunkelgrün und bräunlich getupft – wächst langsam, ist jedoch klumpenbildend.

H. 60 cm, B. 90 cm. Mind. 5 °C.

Gasteria armstrongii

Die kleinen Blattfächer bestehen aus wenigen, dicken Blättern, die meist rauh und zungenförmig sind. Von Pflanze zu Pflanze variieren sie stark in Größe und Grünfärbung. Diese Sukkulente bildet flache Polster.

H. 23 cm, B. 60 cm. Mind. 5 °C.

Gasteria obtusa

Noch jung sproßt die kleine Pflanze mit den zweizeilig gestellten Blättern bereitwillig und bildet schließlich Polster. Blätter stark variierend, von grün oder grau gefleckt bis in Bändern gelb, cremefarben oder weiß panaschiert.

H. 20 cm, B. 90 cm. Mind. 5 °C.

Gasteria batesiana

Meist dunkelgrün mit helleren Streifen oder Flecken, sind die Blätter auch derber, dolchförmig und im Querschnitt konkav. Sie stehen in dichten Rosetten, die in Kultur recht zahlreiche Ableger, später große Polster bilden.

H. 15 cm, B. 90 cm. Mind. 5 °C.

GIBBAEUM

DIE FLEISCHIGEN BLÄTTER dieser kompakten, polsterbildenden Pflanzen aus Südafrika sind klein-kugelig bis lang und fingerig. Oft stehen sie in Blattpaaren ungleicher Länge, wobei das längere Blatt vorn hakenförmig ist. Im Frühjahr, mitunter im Herbst, erscheinen nahe der Triebspitzen weiße bis violettrote Blüten. Die kleine grüne Frucht ist bei Reife holzig. Die ca. 20 Arten gedeihen in der Sonne am besten. Im Herbst zur Anregung der Blüte großzügig gießen, sonst sparsam.

HÖHE UND BREITE

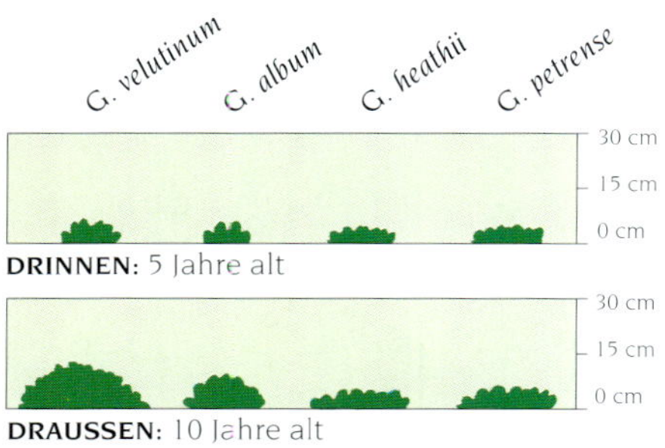

Gibbaeum velutinum

Auf asymmetrisch paarigen Blättern erscheinen vom Frühjahr bis zum Herbst meist zahlreiche, relativ große Blüten von weiß bis lavendelfarben oder rot.

H. 13 cm, B. 90 cm. Mind. 5 °C.

Gibbaeum album

Die paarigen, flaumigen weißen Blätter dieser hübschen, langsam wachsenden Art bilden verdickte, nahezu kugelige Köpfchen. Nach der Blüte teilen sie sich und bilden schließlich flache, höckerige Polster. Die im Vergleich zu anderen Arten nicht so blühwillige Sukkulente trät weiße Blüten. Fäulnisgefahr bei zu starkem Gießen.

H. 10 cm, B. 23 cm. Mind. 5 °C.

Gibbaeum heathii

In Kultur bildet diese Art dichte Polster aus weichen Blattköpfchen und schließlich flache, für die Gattung recht große Matten. Die von cremefarben bis rosa variierenden Blüten erscheinen meist nur bei günstigen Standortbedingungen im Freien. Obwohl mäßig leicht zu pflegen, muß die Art vor anhaltender Feuchtigkeit geschützt werden, damit sie nicht fault. In ihrer Heimat kommt G. *heathii* sehr häufig vor.

H. 5 cm, B. 90 cm. Mind. 5 °C.

Gibbaeum petrense

Die Art hat zwar sehr kleine Köpfchen aus paarigen, dicken, dreikantigen Blättern von nur 1 cm Länge, bildet aber große, hell-graugrüne Polster, die auch über Böschungen und Mauern kriechen. Die Pflanze ist blühwilliger als viele andere Arten; ihre Blüten sind rosa bis rötlich-violett.

H. 5 cm, B. 90 cm. Mind. 5 °C.

Graptopetalum

In Mexiko und Arizona heimisch, sind diese grünen, blauen oder grauen, manchmal gesprenkelten Rosetten mit *Echeveria* (siehe S. 118–119) verwandt. Ihre kleinen, aufrechtstehenden Blüten sind lange offen und weiß bis rot. Sie sitzen vom Frühjahr bis zum Winter auf meist langen Stielen. Die Frucht ist klein. Alle zwölf Arten bevorzugen einen hellen Standort, doch können manche brandfleckig werden.

Höhe und Breite

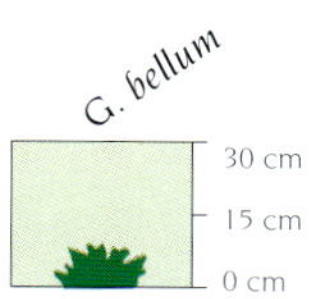

DRINNEN:
5 Jahre alt

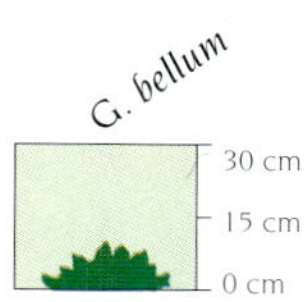

DRAUSSEN:
10 Jahre alt

Graptopetalum bellum

Mit ihren lange geöffneten, roten Frühjahrsblüten an aufrechten Stielen ist diese Art eine gute Zimmerpflanze. Im Alter bildet sie Gruppen. Obwohl sie im Sommer mäßig zu gießen ist, fault sie bei kalter Feuchtigkeit oder zuviel Nässe.

H. 10 cm, B. 76 cm. Mind. 10 °C.

x Graptoveria

Diese Sukkulenten entstanden durch Kreuzung der Gattung *Graptopetalum* (s. o.) und *Echeveria* (siehe S. 118–119). Je nach angestammtem Lebensraum variieren die Arten beider Gattungen sehr stark, und so sind auch die aus ihnen entstandenen Hybriden und Zuchtformen schwer zu identifizieren. Allerdings behalten sie die Merkmale beider Eltern. Stecklinge derselben Pflanze, gezogen unter verschiedenen Bedingungen, entwickeln sich unterschiedlich.

Höhe und Breite

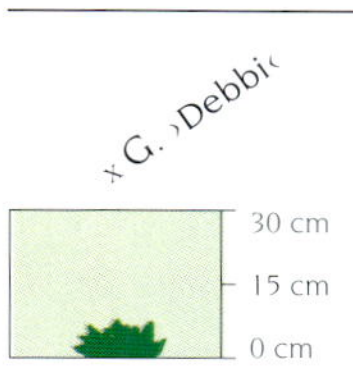

DRINNEN:
5 Jahre alt

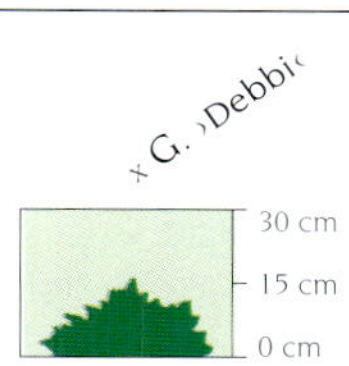

DRAUSSEN:
10 Jahre alt

x *Graptoveria* ›Debbi‹

Die schön gefärbte Hybride hat im Spätsommer lange Blütenstände mit orangeroten Blüten. Mag Sonne und Schatten.

H. 15 cm, B. 60 cm. Mind. 5 °C.

HAWORTHIA

ZU DIESER AUS DEM SÜDLICHEN AFRIKA stammenden Gattung rosettenbildender Zwergsukkulenten werden derzeit ca. 80 Arten gerechnet. Blattformen und -zeichnung sind unterschiedlich, allen gemeinsam aber sind die erhabenen weißen Flecken. Viele Arten färben sich während der Ruhe bei heißem Wetter rötlich oder orange, nehmen aber wieder eine grüne Färbung an, wenn bei kühlerem Wetter das Wachstum erneut einsetzt. Von Frühjahr bis Herbst erscheinen lange offene, kleine, weiße Blüten in langen Ähren; die Frucht ist grün. *Haworthia* mögen Streulicht, vertragen Schatten und sprossen willig.

HÖHE UND BREITE

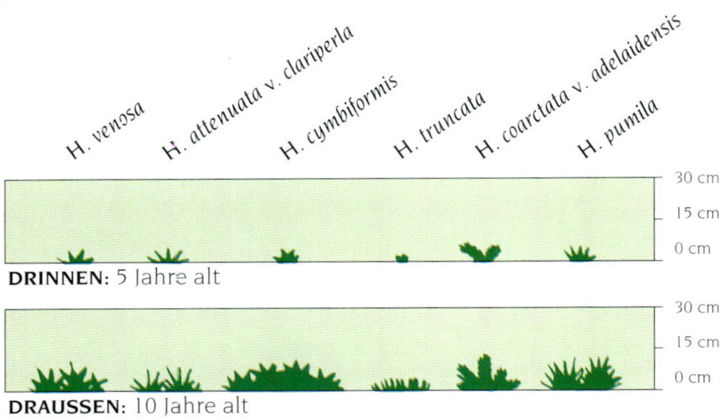

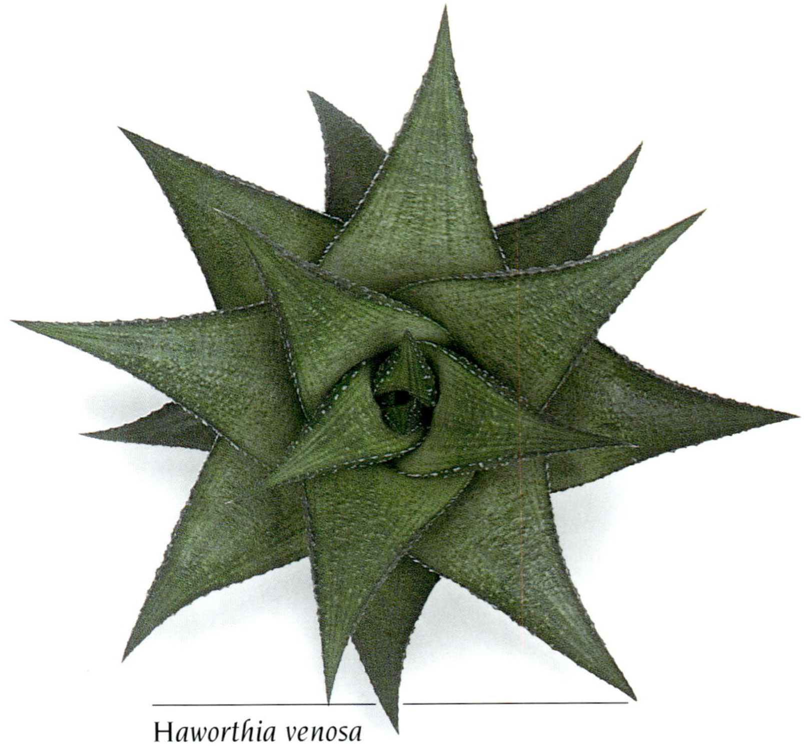

Haworthia venosa

Eine besonders variable Art mit hübschem, vielgestaltigem Laub. Die meist breiten, dreieckigen, mitunter getupften Blätter sind olivgrün bis violettbraun, oberseits oft auch mit durchsichtiger, gekreuzt verlaufender Zeichnung. Die kurzstämmigen wie die stammlosen Formen verzweigen sich unterirdisch leicht, die Ableger stehen etwas entfernt von den Eltern.

H. 10 cm, B. 30 cm. Mind. 5 °C.

Haworthia attenuata v. *clariperla*

Die vielen erhabenen weißen Punkte auf den Blättern der oft fälschlich H. *fasciata* genannten Art verbinden sich manchmal zu Bändern.

H. 8 cm, B. 90 cm. Mind. 5 °C.

Haworthia cymbiformis

Bei voller Sonne färben sich die weichen, etwas glasigen Blattrosetten dieser robusten Sukkulente leicht orange. Rasch flache Polster bildend; bevorzugt Schatten.

H. 8 cm, B. 90 cm. Mind. 5 °C.

Haworthia truncata

Die dickfleischigen Blätter sind eher in Reihen als in Gruppen und stufig angeordnet. Die abgeflachten Blattenden sind gefenstert.

H. 5 cm, B. 38 cm. Mind. 5 °C.

Haworthia coarctata v. *adelaidensis*

Eine der wenigen Arten der Gattung mit solch auffallenden festen Blattsäulen. Normalerweise dunkelgrün, färben sie sich in der Sonne dunkelrot. Blätter oft weiß-warzig.

H. 15 cm, B. 38 cm. Mind. 5 °C.

Haworthia pumila

Obwohl *pumila* ›klein‹ bedeutet und die Pflanze einst für eine kleine *Aloe* (siehe S. 108–109) gehalten wurde, ist sie nicht nur die größte *Haworthia*-Rosette, sondern hat auch kräftige Blütenstände. Im Alter Ableger bildend.

H. 15 cm, B. 30 cm. Mind. 5 °C.

HOODIA

DIESE GATTUNG KLEINER, bedornter Sukkulenten aus dem südlichen Afrika umfaßt ca. 20 Arten; sie bilden Klumpen kurzer, aufrechter, mitunter verzweigender Triebe in matten Grüntönen. Die Blüten sind flach und tellerartig, scheitelnah, dunkelgelb-, braun- oder rot-gefleckt und erscheinen zahlreich im Sommer. Die Frucht ist zweihöckerig. Die langsam wachsenden Pflanzen sind sehr anspruchsvoll; sie brauchen mindestens 10–16 °C in Sonne wie Schatten und können bei Winterfeuchtigkeit faulen, bei Trockenheit runzlig werden.

HÖHE UND BREITE

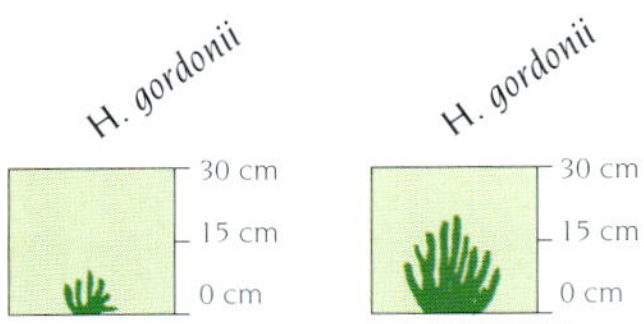

DRINNEN: 5 Jahre alt **DRAUSSEN:** 10 Jahre alt

Hoodia gordonii

Am warmen Platz und richtig gegossen ist sie eine der am leichtesten zu pflegenden *Hoodia*. Sie hat blaßgrüne bis violette, verzweigende Triebe mit kurzen, holzigen Warzen, die manchmal spitz sind, und bildet leicht Gruppen. Die fleischfarbenen bis braunen Blüten sind in der Form variabel.
H. und B. 30 cm. Mind. 13 °C.

HUERNIA

DIE AUFRECHTEN, VERZWEIGENDEN TRIEBE dieser meist kleinen Pflanzen bilden langsam große Matten. Die Blüten der ca. 60 Arten aus dem südlichen und östlichen Afrika sind sternförmig, mit tiefem Kelch und zweihöckerigen Samenhülsen. Sie entspringen vom Sommer bis Herbst der Basis neuer Triebe, erinnern an Aas und locken Insekten zur Bestäubung an. Anspruchsvoll, verträgt Sonne und Schatten.

HÖHE UND BREITE

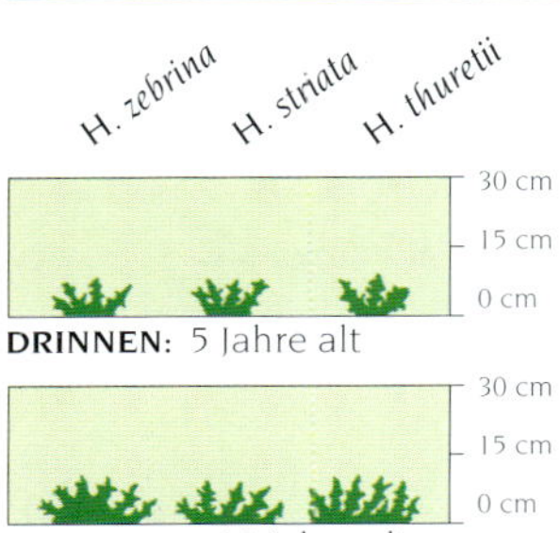

DRINNEN: 5 Jahre alt
DRAUSSEN: 10 Jahre alt

Huernia zebrina

Eine der wenigen *Huernia*-Arten mit einem fleischigen Ring in der Blütenmitte, der grün bis schwefelgelb mit kastanienbrauner Zeichnung sein kann.
H. 15 cm, B. 38 cm. Mind. 10 °C.

Huernia striata

Auffallende Blüten mit charakteristischer sternenförmiger Hülle entspringen nahe der Basis der kantigen, gefleckten Triebe. Die Blüten dieser kleinen *Huernia*-Art sind hellgrün bis gelbbraun, mit dunklen, violetten Streifen und oft kleinem, schwarzem Kelch. Die Triebe sind kurz, blaugrün, leicht gezähnt und bilden langsam Polster.
H. 15 cm, B. 38 cm. Mind. 7 °C.

Huernia thuretii

Die Blüten dieser kleinen Sukkulente können sehr verschieden sein, sind aber meist gelbbraun mit blutroten Punkten oder Streifen. Zunächst kantig, verzweigen sich die Triebe mitunter, so daß aus einem kompakten Klumpen ein flaches Polster wird. Triebfarbe von mattgrün bis rotviolett.
H. 15 cm, B. 38 cm. Mind. 10 °C.

JATROPHA

ZU DIESER GROSSEN GRUPPE von rund 175 Arten gehören nur ca. 20 Sukkulenten, die stark variieren – von nesselartigen Blattpflanzen bis zu caudiciformen Arten. Sie können langsam oder schnell wachsend sein, Sonne oder Schatten bevorzugen und sind in der ganzen Welt anzutreffen, meist in tropischen Regionen. Im allgemeinen brauchen sie Temperaturen von mindestens 10 °C; ihre Pflege ist leicht bis anspruchsvoll. Verwandt mit *Euphorbia* (siehe S. 120–121), weisen sie ähnliche Blüten auf; diese sind meist klein, zu dritt und von kelchigen, farbigen Tragblättern umgeben. Die grüne Frucht ist erbsen- bis walnußgroß.

HÖHE UND BREITE

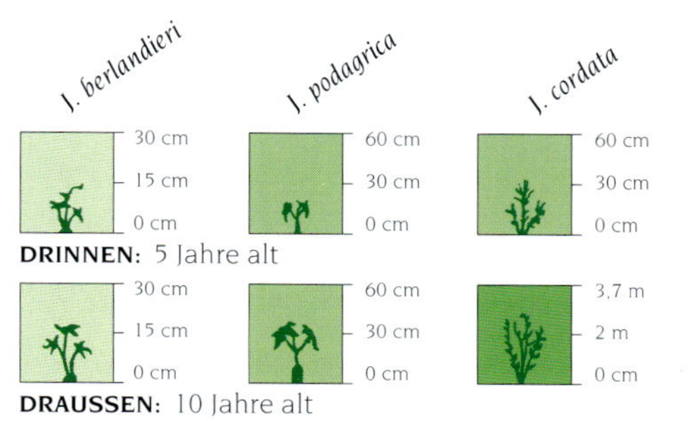

Jatropha berlandieri

Den Spitzen der kurzen Triebe des kleinen, kugeligen Caudex entspringen im Sommer Blütenstände mit mohnroten Blüten. Die Frucht ist grün und erbsengroß. Langsam wachsend, verträgt Sonne und Schatten, bei Kälte und Feuchtigkeit zu Fäule neigend.
H. 15 cm, B. 20 cm. Mind. 10 °C.

Jatropha cordata

Diese lichthungrige Sukkulente wächst strauchig und ist relativ leicht zu pflegen. Die fünflappigen Blätter und kleine, lange geöffnete Sommerblüten erscheinen an den Triebspitzen der glatten, glänzenden Zweige.
H. 9 m, B. 3,7 m. Mind. 10 °C.

Jatropha podagrica

Wegen der verdickten Stammbasis als Topfpflanze interessant, wird diese Spezies mit der Zeit zum Strauch. Bei Wärme und Licht langsam wachsend; im Sommer und Herbst immer wieder an endständigen Blütenständen scharlachrot blühend.
H. 1,5 m, B. 60 cm. Mind. 13 °C.

KALANCHOE

IN DEN TROPEN UND SUBTROPEN weit verbreitet, variieren die rund 200 Arten der Gattung stark und umfassen kleine Blattsukkulenten ebenso wie große, baumartige Pflanzen. Arten und Hybriden eignen sich gleichermaßen als Zimmerpflanzen; viele werden wegen der dekorativen, oft behaarten Blätter, manche überhängende Spezies als Ampelpflanzen geschätzt. Die Farben der meist glockigen, lange offenen Blüten reichen von Weiß, Gelb oder Orange bis Braun, Rot oder Violett. Sie erscheinen an den Triebspitzen vor allem im zeitigen Frühjahr, gelegentlich auch im Herbst. Die Frucht ist klein, braun und trocken. Manche Arten wachsen rasch, viele sind leicht bei Sonne oder Schatten zu halten, einige Arten aber vertragen keine niedrigen Temperaturen.

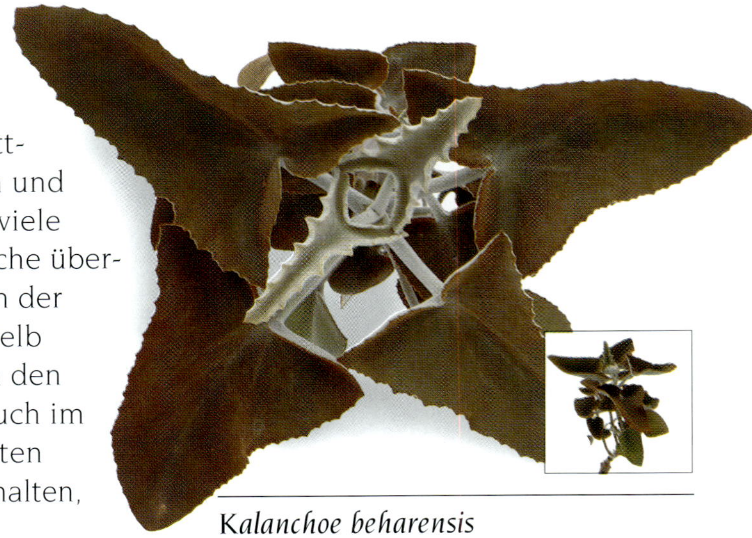

Kalanchoe beharensis

Die Spezies hat große, oliv- bis graugrüne Blätter, die samtig-bronzefarben behaart sind. Die schlanktriebige Pflanze wächst rasch strauch- oder baumartig. Winzige, gelbgrüne Blüten öffnen sich im Frühjahr nur an ausgewachsenen Pflanzen. Keimlinge, die sich an den Stielen abgelöster Blätter bilden, wachsen rasch zu neuen Pflanzen heran.
H. 3,7 m, B. 2,1 m. Mind. 7 °C.

HÖHE UND BREITE

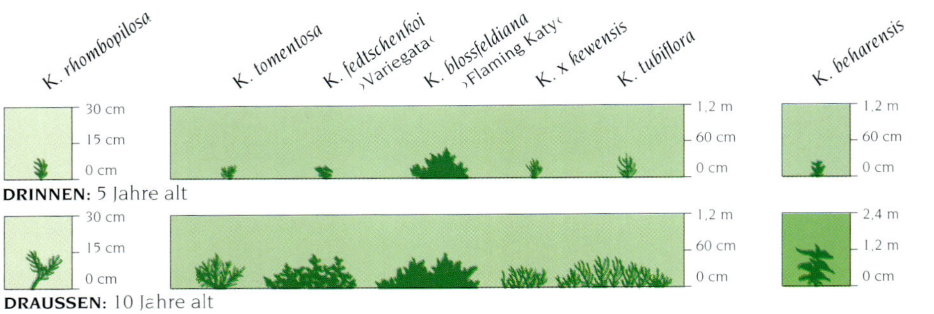

Kalanchoe rhombopilosa

Graugrüne bis weiße Blätter an aufrechten Trieben, die im Alter einen niederliegenden Strauch bilden. Er trägt im Frühjahr grüngelbe Blüten. Ein kräftiger Stoß kann die Pflanze entblättern, aber die Blätter wurzeln leicht. Standort sonnig oder schattig.
H. 15 cm, B. 38 cm. Mind. 7 °C.

Kalanchoe tomentosa

Geschätzt wegen der weich-pelzigen Blätter und weniger wegen der Blüten, ist diese Art in der Jugend eine ideale Zimmerpflanze. Sie gedeiht an hellen wie schattigen Standorten. Nach drei Jahren hübschere neue Pflanzen aus Stecklingen ziehen.
H. 60 cm, B. 1,2 m. Mind. 7 °C.

Kalanchoe fedtschenkoi ›Variegata‹

Der rasch wachsende, ausladend werdende Strauch trägt panaschierte Blätter und im Frühjahr Blütenstände mit schmutzigrosa Blüten. Gedeiht am besten im Schatten.
H. 60 cm, B. unbegrenzt. Mind. 7 °C.

Kalanchoe blossfeldiana ›Flaming Katy‹

Im Freien bildet die Zwerghybride mit der Zeit einen dichten Strauch mit glänzenden Blättern. Kleine Blüten öffnen sich im Winter oder zeitigen Frühjahr bei weniger als zwölf Stunden Tageslicht. Oft wird die schattenliebende Pflanze ganzjährig getrieben und blühend als Zimmerpflanze verkauft.
H. und B. unbegrenzt. Mind. 10 °C.

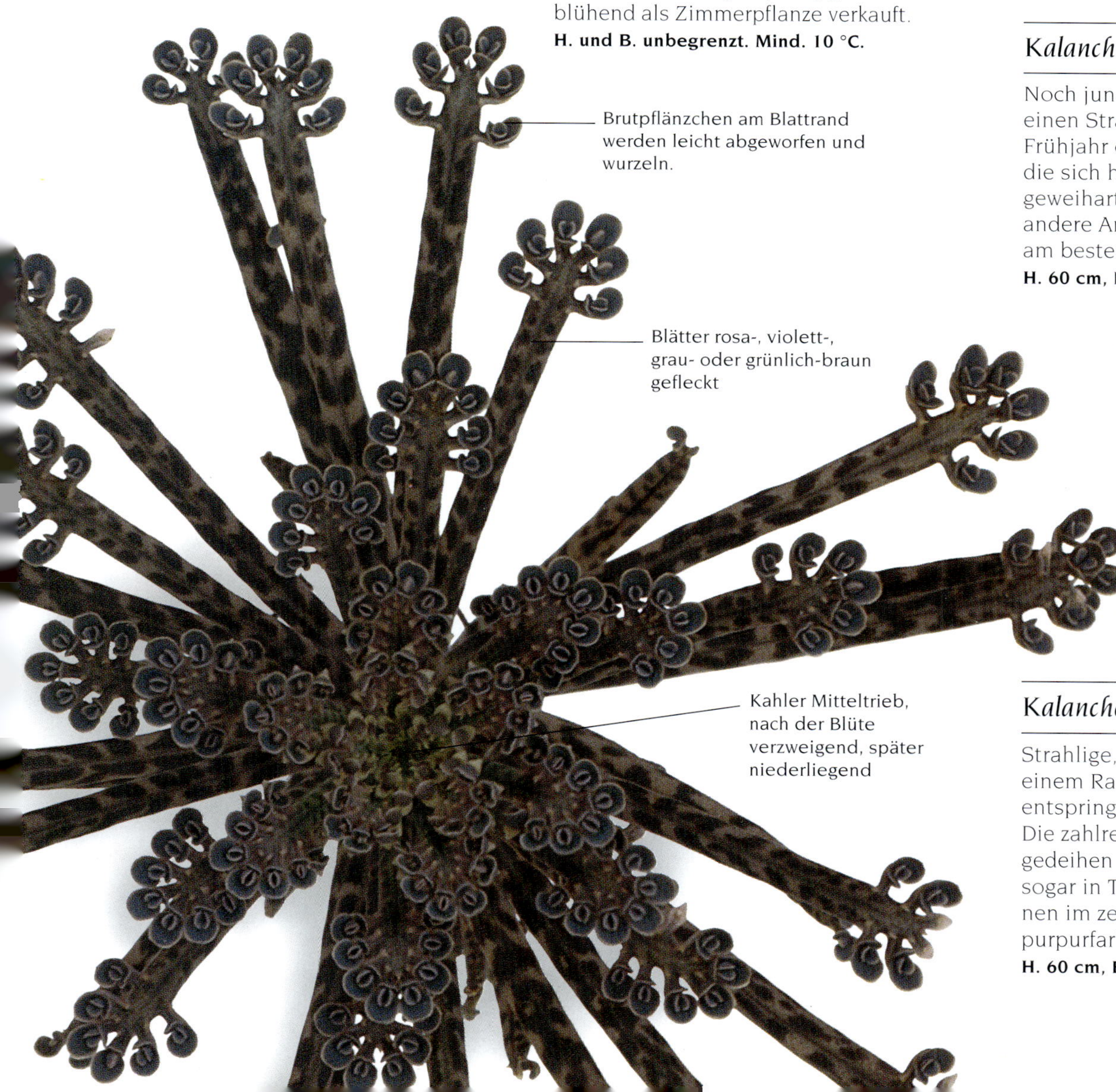

Kalanchoe x *kewensis*

Noch jung bildet die elegante Hybride einen Strauch aus aufrechten Trieben. Im Frühjahr erscheinen lebhaft-rosa Blüten, die sich hübsch von den dunkelgrünen, geweihartigen Blättern abheben. Wie andere Arten im Alter oft ungepflegt, am besten aus Stecklingen neu ziehen.
H. 60 cm, B. 90 cm. Mind. 7 °C.

Kalanchoe tubiflora

Strahlige, lange, röhrenförmige Blätter mit einem Rand, auf dem Brutpflänzchen sitzen, entspringen dem aufrechten Mitteltrieb. Die zahlreichen Pflänzchen sind sehr robust, gedeihen in Licht und Schatten und wurzeln sogar in Teppichen. Ausgewachsen, erscheinen im zeitigen Frühjahr orange-rote bis purpurfarbene Blütenstände.
H. 60 cm, B. unbegrenzt. Mind. 5 °C.

LAMPRANTHUS

EIN TEPPICH AUS LEBHAFT GEFÄRBTEN Blüten nahezu jeder Farbe – außer Blau – machen diese Sukkulente zum idealen Bodenbedecker für frostfreie Gegenden. Die südafrikanische Gattung umfaßt mehr als 60 Arten. Ob strauchig, kriechend oder herabhängend, passen sie sich trockenem Boden rasch an und stabilisieren ihn. Manche blühen zwischen Frühjahr und Herbst immer wieder; bei anderen ist die Blüte nur kurz. Die Blüten entspringen den Sproßenden und öffnen sich nur bei Sonne. Fleischige Früchte, die später verholzen, folgen. Es gibt zahllose Hybriden dieser rasch wachsenden Sukkulente. Manche Arten vertragen leichten Frost, bei feuchter Kälte Fäulnisgefahr.

HÖHE UND BREITE

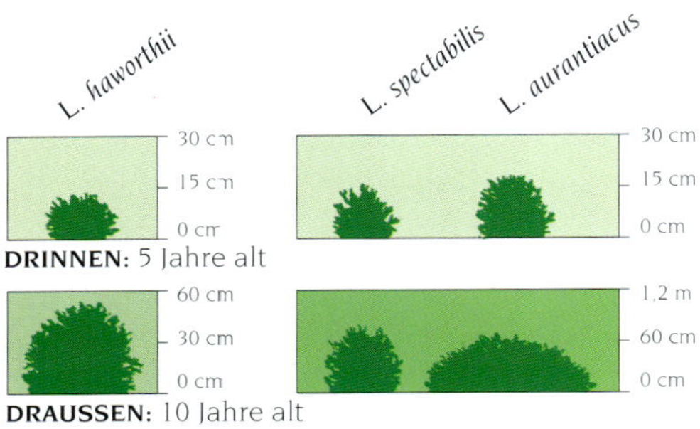

Lampranthus spectabilis

Lohnend schon wegen der langen Blütezeit, bringt dieser lichthungrige, niederliegende Strauch das ganze Frühjahr über rund 5 cm große, leuchtend weiße bis violette Blüten hervor. Die schmalen rohrförmigen Blätter sind graugrün.
H. 60 cm, B. unbegrenzt. Mind. 2 °C.

Lampranthus haworthii

Im Frühjahr sind diese außergewöhnlichen Sukkulenten von großen, hellrosa, purpurfarbenen oder violetten Blüten übersät; gelegentlich erscheinen die rund 5 cm großen Blüten im Sommer erneut. Die kandelaberartigen Blätter sind blaugrün. Verträgt volle Sonne und eignet sich gut für frostfreie Gärten oder für Kübel. Sie breitet sich rasch zu kuppelartigen Sträuchern aus.
H. 60 cm, B. unbegrenzt. Mind. 2 °C.

Lampranthus aurantiacus

Die leuchtend orangefarbenen, rund 5 cm großen Blüten erscheinen im Frühjahr in verschwenderischer Fülle. Der lichthungrige Strauch hat aufrechte, später niederliegende Triebe und blaugrüne Blätter.
H. 60 cm, B. unbegrenzt. Mind. 5 °C.

LITHOPS

DIE KLEINEN SUKKULENTEN dieser faszinierenden, in Südafrika beheimateten Gattung bestehen nur aus dicken Blattpaaren, deren Wuchs sich die Bezeichnung ›Lebende Steine‹ verdankt. Farbe und Musterung variieren unter den ca. 60 Arten stark. Bei sommerlicher Hitze werden sie halb-ruhend. Darauf erscheinen im Frühherbst in den Blattspalten weiße oder gelbe, strahlige Blüten. Die Frucht ist klein und fleischig. Nach der Winterruhe setzt im späten Frühjahr das Wachstum ein. Die langsam wachsenden, lichthungrigen Pflanzen vertragen weder falsches Gießen noch schlechtes Licht.

Die reinweißen, strahligen Blüten öffnen sich in der Nachmittagssonne.

Die Blattpaare bilden kleine Klumpen.

HÖHE UND BREITE

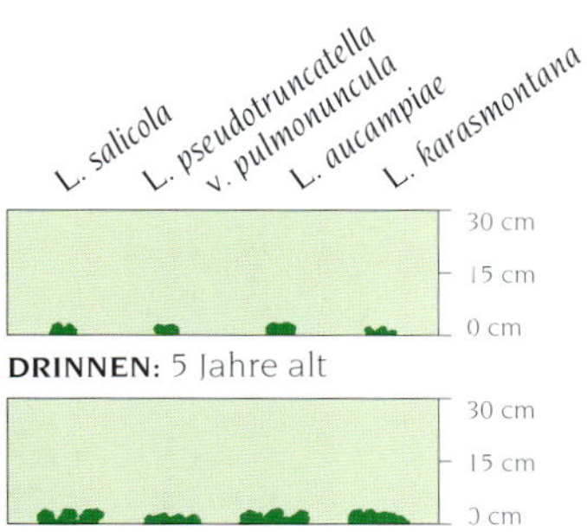

DRINNEN: 5 Jahre alt

DRAUSSEN: 10 Jahre alt

Lithops salicola

Nur bei einer weiteren *Lithops*-Art sind die Blätter schiefergrau und grau gezeichnet. Die Sukkulente ist eine der größeren Spezies, ihre Blattköpfe – untypisch für die Gattung – erheben sich weit vom Boden.

H. 5 cm, B. 23 cm. Mind. 2 °C.

Blütenknospe

Lithops pseudotruncatella v. *pulmonuncula*

Die fein gezeichneten, runden oder ovalen Blätter junger Pflanzen sind flach gekerbt. Ungleich groß und oben meist flach, ragen sie kaum über die Erdoberfläche.

H. 2,5 cm, B. 23 cm. Mind. 2 °C.

Lithops aucampiae

Die graubraunen, oben flachen, bis zu 5 cm dicken Blattköpfe sind für *Lithops* recht groß, wobei eines der beiden Blätter meist größer ist. Die Pflanze bildet langsam kleine Klumpen, ihre Blüten öffnen sich in der Sonne.

H. 2,5 cm, B. 23 cm. Mind. 2 °C.

Lithops karasmontana

Diese Art ist sehr variabel: Die Blattköpfe können blaugrau bis braun sein und matt gezeichnet. Eines der beiden oben flachen Blätter ist größer. Die Blüten der Pflanze sind weiß.

H. 2,5 cm, B. 23 cm. Mind. 2 °C.

MONADENIUM

DIESE IN DEN ÖSTLICHEN und südlichen Tropen Afrikas heimische Gattung trägt wie die verwandte *Euphorbia* (siehe S. 120–121) echte Blüten, die von kleinen, weißen, cremefarbenen, rosa oder roten Tragblättern umgeben sind. Sie erscheinen im Frühjahr, Sommer oder Herbst an jungen Trieben; über diesen wiederum befinden sich oft Deckblätter. Grüne Früchte folgen. Manche der 50 langsam bis schnell wachsenden Spezies bilden kleine Sträucher, wieder andere werden groß und baumartig. *Monadenium*-Arten sind meist anspruchsvoll; die meisten brauchen Wärme bei Sonne wie Schatten.

HÖHE UND BREITE

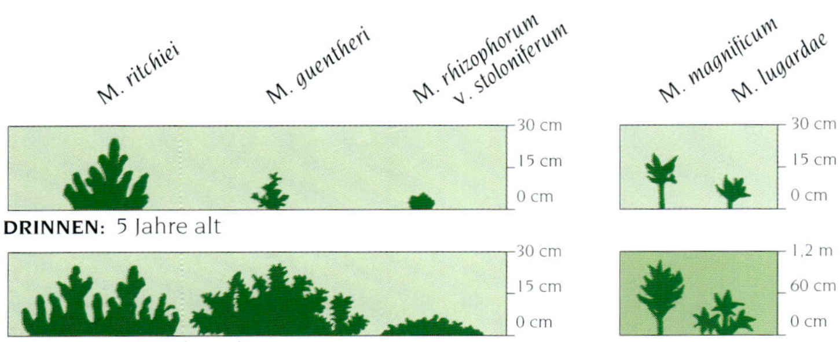

DRINNEN: 5 Jahre alt

DRAUSSEN: 10 Jahre alt

Monadenium ritchiei

Die Triebe verdanken ihr merkwürdig knotiges Äußeres den rautenförmigen Warzen. Später sind die Triebe oft niederliegend und bilden Gruppen. Die kurzen Stacheln der anspruchsvollen Pflanze sind braun. Kleine, fleischige Blätter, oberseits meist in dunklerem Grün, erscheinen an Jungtrieben, darauf im Sommer die Tragblätter. Bei zu reichlichem Wässern zu Fäule neigend.

H. 30 cm, B. 1,2 m. Mind. 13 °C.

Monadenium guentheri

Die Jungtriebe tragen kurze Zeit variable fleischige Blätter. Der Sproß ist später oft niederliegend und verzweigt sich zur Gruppe. Im Sommer erscheinen an den Triebspitzen lange haltende, grünlich-weiße Tragblätter mit violetten Tupfen.

H. 30 cm, B. 1,2 m. Mind. 10 °C.

Monadenium rhizophorum v. *stoloniferum*

Aus unterirdischen Trieben entwickeln sich lockere Gruppen; auch die oberen Triebe wurzeln. An den Spitzen erscheinen im Sommer hellgrüne, gefleckte Tragblätter. Bevorzugt Schatten, braucht trockene Ruhe.

H. 8 cm, B. unbegrenzt. Mind. 10 °C.

Monadenium magnificum

Die variierenden Blätter dieser rasch und strauchig oder baumartig wachsenden Sukkulente sitzen an kantigen, bedornten Trieben mit einem Caudex (siehe S. 10). Kleine, hellscharlachrote Tragblätter entspringen im Sommer den Triebspitzen.
H. 2,1 m, B. 1,2 m. Mind. 10 °C.

Monadenium lugardae

Die Triebe tragen Blattrosetten und bilden hübsche Gruppen. Im Sommer erscheinen an den Spitzen bemützte hellgrüne Tragblätter. Bei Kälte und Feuchtigkeit faulend.
H. 60 cm, B. 90 cm. Mind. 10 °C.

PACHYPHYTUM

DIESE IN MEXIKO heimischen Sukkulenten tragen kleine bis mittelgroße, manchmal stammlose Rosetten mit fleischigen Blätter, die grün, blau, orange, rot oder violett sein können. Das runde Dutzend der mit *Echeveria* (siehe S. 118–119) verwandten Arten bringt hängende Blütenstände mit lange haltenden Blüten hervor. Im Frühjahr, Sommer oder Herbst reifen kleine Früchte. Manche *Pachyphytum*-Arten wachsen langsam, einige bevorzugen Sonne, andere Schatten.

HÖHE UND BREITE

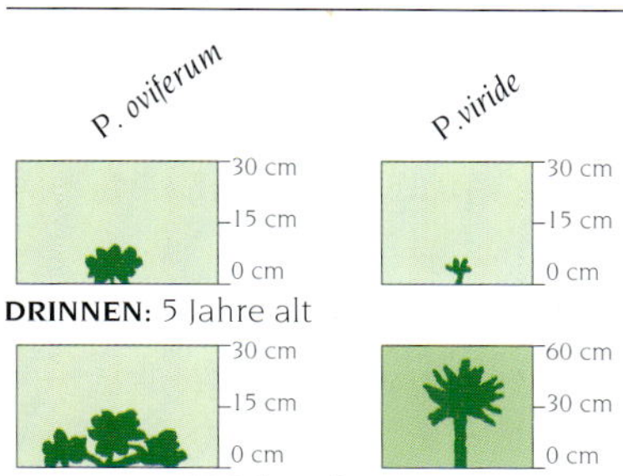

DRINNEN: 5 Jahre alt

DRAUSSEN: 10 Jahre alt

Pachyphytum viride

An relativ hohen, aufrechten und langsam wachsenden Trieben sitzen grüne, purpurrot oder orange Blattrosetten. Die Pflanze bildet Gruppen und mag helle sowie schattige Orte. Im Frühjahr und Frühsommer grünlichweiße Blüten mit weinroten Kronblättern an gebogenen Blütenständen.
H. und B. 60 cm. Mind. 7 °C.

Pachyphytum oviferum

Die bemehlten, oft rosa-blau überhauchten Blätter der Rosetten erinnern an Zuckermandeln. Sie sitzen an kurzen Trieben, die Gruppen bilden. Im Frühjahr und Frühsommer herabhängende Blütenstände; Blüten mit graugrünen Kelchblättern und roten Kronblättern. Bevorzugt Sonne.
H. 15 cm, B. unbegrenzt. Mind. 6 °C.

PACHYPODIUM

DIESE STARK VARIIERENDE GATTUNG ist nah verwandt mit *Adenium* (siehe S. 103). Die zwölf im südlichen Afrika und auf Madagaskar heimischen Arten haben meist eine verdickte Basis, sind grau bis braun und bestachelt. Manche brauchen etwa 25 Jahre für 13 cm Durchmesser, andere erreichen sehr rasch 9 m Höhe. Alle außer den baumartigen Pflanzen sind laubabwerfend. Zu verschiedenen Jahreszeiten zeigen sich trompetenförmige weiße, rote oder gelbe Blüten. Zweihöckerige Früchte folgen. Die frostempfindlichen, lichthungrigen Sukkulenten sind anspruchsvoll und fäulnisanfällig. Die seltenen Arten werden oft auf P. *lamerei* gepfropft.

HÖHE UND BREITE

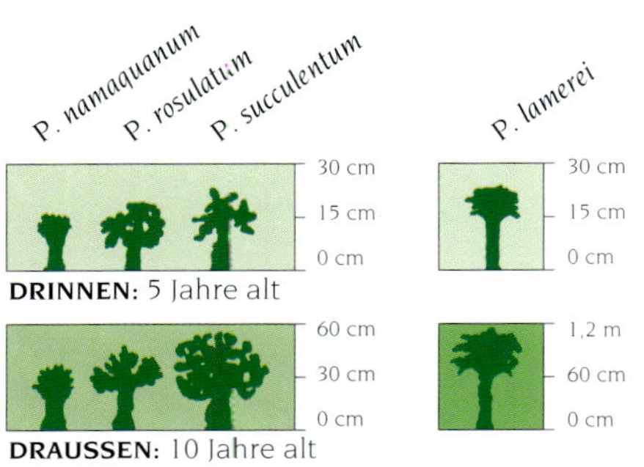

Pachypodium namaquanum

In der Natur selten, ist diese palmartige Pflanze inzwischen in Kultur erhältlich. Auf dem einzelnen, aufrecht stehenden braunen Stamm mit langen spitzen Stacheln neigt sich das Sproßende zur Sonne. In warmen Breiten blüht die große langsam wachsende Pflanze nach 10–15 Jahren. Rotbraune Blüten erscheinen scheitelnah im Frühjahr. In kühleren Breiten blüht die Sukkulente kaum und muß etwas verwöhnt werden, um den Winter ohne Fäule zu überstehen.
H. 1,5 cm, B. 23 cm. Mind. 10 °C.

Pachypodium rosulatum

Die Blätter wie auch der große graue Caudex variieren stark. Der Sproß verdickt sich bereits jung und bildet oben schlanke Zweige aus. Offene, kanariengelbe Blüten erscheinen im Spätwinter und zeitigen Frühjahr, bevor die Pflanze austreibt.
H. 1,5 m, B. 90 cm. Mind. 13 °C.

Pachypodium lamerei

Madagaskarpalme
Bei ausreichender Wärme und Pflege erreicht diese baumartige Spezies die zum Blühen nötige Höhe von 1,2 m in zehn Jahren. Im Sommer bringt sie duftende, weiße Blüten mit goldgelbem Schlund hervor. Sproß nach der Blüte verzweigend.
H. 6 m, B. 2 m. Mind. 10 °C.

Pachypodium succulentum

Diese variable Art hat einen meist unterirdischen Caudex, aus dem schlanke Triebe strauchig wachsen. Im Frühjahr und Sommer erscheinen recht zahlreiche endständige, kleine, trompetenförmige Blüten, die weiß, purpurn oder rosafarben sind. Relativ leicht zu ziehen.
H. 1,5 m, B. 2 m. Mind. 7 °C.

PEDILANTHUS

PEDILANTHUS IST VON DER KARIBIK bis zum Süden der USA und im Norden Südamerikas weit verbreitet, wird aber selten kultiviert, von P. *tithymaloides* und seinen Formen abgesehen. Die zwölf strauchigen Arten sind nah verwandt mit *Euphorbia* (siehe S. 120–121). Sie unterscheiden sich vor allem in ihren Blüten; sie sind von kleinen, grünen, roten oder braunen Tragblättern umgeben, die an Vogelköpfe erinnern.

HÖHE UND BREITE

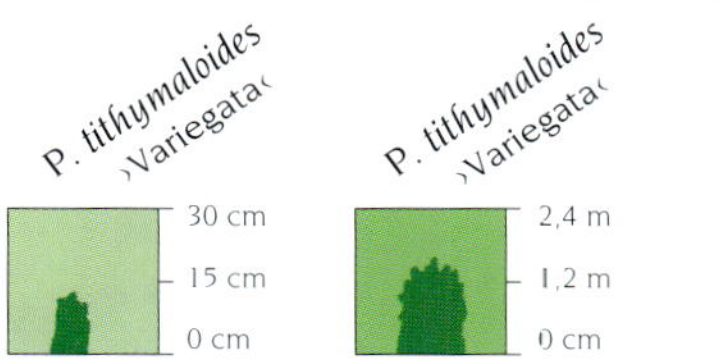

DRINNEN: 5 Jahre alt
DRAUSSEN: 10 Jahre alt

Pedilanthus tithymaloides ›Variegata‹

Mit den leicht zickzackförmig wachsenden Trieben und dem weiß oder rosa panaschiertem Laub ist diese Zuchtform eine hübsche Topfpflanze. Von Sommer bis Herbst erscheinen kleine grünliche Blüten und rote bis gelbe Tragblätter. Die kleine Frucht ist grün. Direkte Sonne, Kälte und Feuchtigkeit werden übelgenommen.
H. 2,7 m, B. 1,5 m. Mind. 13 °C.

SANSEVIERIA

DER BOGENHANF ist im tropischen Afrika heimisch und sehr variabel. Seine Rosetten aus meist dunkelgrünen, fleischigen Blättern unterscheiden sich nach Zahl und Größe und sind oft panaschiert. Wie bei der *Agave* (siehe S. 106–107) stirbt jede Rosette nach der Blüte ab. Helle, oft duftende Blütenrispen erscheinen vom Frühjahr bis zum Herbst, gefolgt von orangefarbenen Früchten. Sparsam gegossen, mögen die ca. 60 Arten Sonne wie Schatten. Sie sind aber auch in Ampeln eindrucksvoll, wenn die unterirdischen Sprosse Kaskaden von Rosetten treiben.

Schwertförmige Blätter, meist silbrig gebändert, mit breitem, gelbem oder cremefarbenem Rand

HÖHE UND BREITE

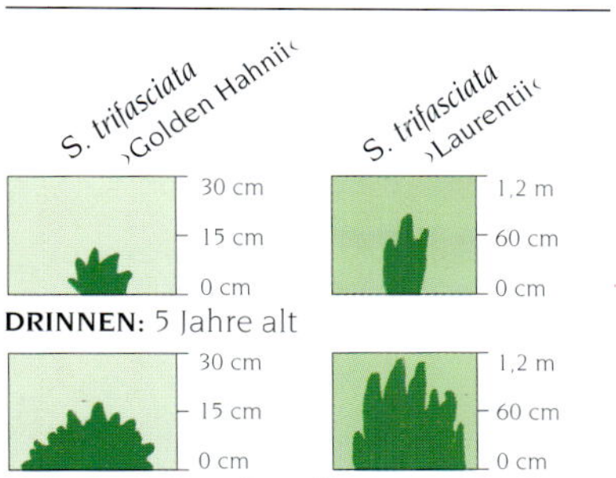

DRINNEN: 5 Jahre alt
DRAUSSEN: 10 Jahre alt

Sansevieria trifasciata ›Golden Hahnii‹

Bogenhanf, Metzgerpalme
Jede Rosette hat höchsten 30 cm Durchmesser, bildet aber Klumpen. Die panaschierten Blätter vor Sonne schützen.
H. 15 cm, B. unbegrenzt. Mind. 13 °C.

Sansevieria trifasciata ›Laurentii‹

Bei sommerlich-hellem Standort erscheinen lange Rispen mit blaßgrünen Blüten und orangefarbenen Früchten. Die Pflanze gedeiht am besten in einem kleinen Topf.
H. 1,2 m, B. unbegrenzt. Mind. 13 °C.

SEDUM

DIE MEHREREN HUNDERT ARTEN der Fetthenne umfassen Sukkulenten aus der ganzen Welt. Die meisten winterharten Spezies sind klein-strauchig oder rasenbildend und somit gute Bodendecker. Die frostempfindlichen Arten sind fleischiger; sie reichen von kleinen Rosetten bis zu großen Büschen. An den Triebspitzen des blühwilligen *Sedum* erscheinen in verzweigten Blütenständen meist fünfblättrige Blüten weißer bis roter Färbung und winzige Früchte. Die frostempfindlichen Spezies blühen im Frühjahr, winterharte im Sommer und Herbst. Mögen Sonne und Schatten.

LÄNGE/HÖHE UND BREITE

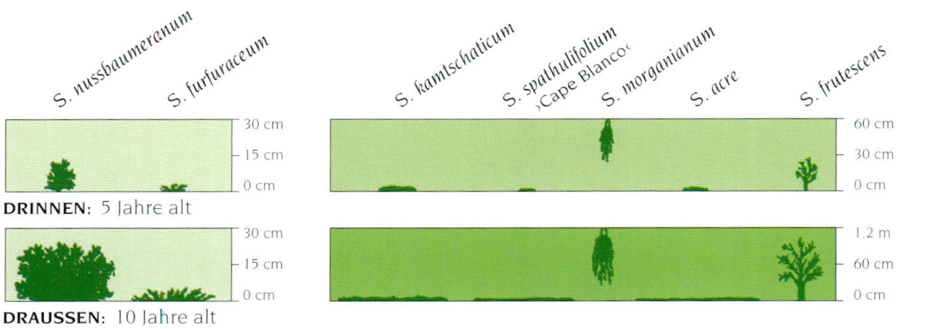

Sedum kamtschaticum

Im Winter wirft diese mattenbildende Sukkulente die leicht gezähnten Blätter größtenteils ab. Es bleiben kahle Stengel mit kleinen Blattrosetten an den Triebspitzen. Im Sommer und Herbst goldgelbe oder orangefarbene Blüten; Sonne oder Schatten.
H. 8 cm, B. unbegrenzt. Mind. –35 °C.

Sedum spathulifolium ›Cape Blanco‹

Obwohl gut mit Schatten auskommend, hat diese kleine polsterbildende Pflanze in direkter Sonne Blätter in dunklerem Violett, die silbrig bemehlt sind. Blüht im Sommer gelb. Gut für Steingärten und Mauern geeignet.
H. 5 cm, B. unbegrenzt. Mind. –15 °C.

Sedum morganianum

Hellgrüne Blätter umschließen die langen, hängenden Triebe, die wie geflochtende Zöpfe wirken. Im Frühjahr öffnen sich endständige hellrosa bis scharlachrote Blüten. Bevorzugt Schatten; vorsichtig gießen, um Fäule vorzubeugen.
L. 2,7 m, B. unbegrenzt. Mind. 7 °C.

Sedum nussbaumeranum

Im Schatten sind die oberen Blätter hellgrün-gelblich, in der Sonne rostfarben. Im Frühjahr erscheinen reinweiße Blüten.
H. 23 cm, B. unbegrenzt. Mind. 5 °C.

Sedum furfuraceum

Dichte Trauben dunkelgrüner bis violetter Blätter wachsen an den Spitzen kriechender Triebe. Die langsam wachsende Pflanze bevorzugt direkte Sonne; dann ist die Färbung dunkler. Hellrosa Blüten im Frühjahr.
H. 8 cm, B. 90 cm. Mind. 5 °C.

Sedum acre

Die i8deal für Mauerspalten oder Wege, geeignete Zwergsukkulente bringt im Sommer zierliche, kurzgestielte, gelbe Blüten in verschwenderischer Fülle hervor. Form und Größe der Blätter variieren. Die Pflanze ist in Sonne wie Schatten leicht zu ziehen, wuchert aber, wenn sie nicht kurzgehalten wird.
H. 2,5 cm, B. unbegrenzt. Mind. –40 °C.

Sedum frutescens

Die strauchige Sukkulente kann gut als Bonsai gelten. In der Ruheperiode wirft sie die Blätter ab. Im späten Frühjahr öffnen sich zierliche weiße Blüten.
H. 1,5 m, B. 90 cm. Mind. 7 °C.

SEMPERVIVUM

DER HAUS- ODER DACHWURZ hat sein Verbreitungsgebiet von Europa bis in die Gebirge Nordafrikas. Die hervorragend als Steingarten- und Topfpflanzen geeigneten kleinen, winterharten Arten bestehen aus hübschen Blattrosetten, die sich im Frühjahr zu großen Matten ausbreiten. Draußen und bei gutem Abzug des Wassers färben sich viele in der sommerlichen Ruhephase rötlich oder violett. Jede Rosette bringt mit einigen Jahren im Sommer hohe Blütenstände mit rosa Blüten und Früchte hervor, dann stirbt sie ab. Die 35 Arten kreuzen sich sehr leicht.

HÖHE UND BREITE

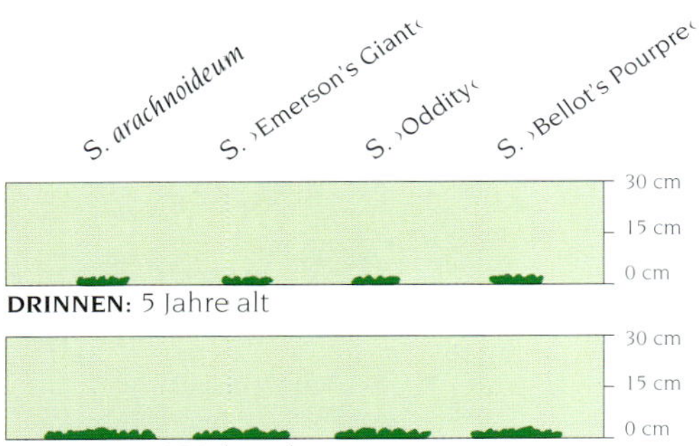

Sempervivum arachnoideum

Diese Sukkulente ist weitverbreitet und in der Natur variabel; es ist einzige Art mit spinnwebenartigen Haaren von den Blattspitzen über den ganzen Scheitel. Die Haare sind im Sommer am stärksten ausgebildet und können im Winter verschwinden.

H. 2,5 cm, B. 60 cm. Mind. –15 °C.

Sempervivum ›Emerson's Giant‹

Im Sommer färben sich die grünen, schuppenartigen Blätter der symmetrischen Rosette rötlich-violett.

H. 2,5 cm, B. 60 cm. Mind. –15 °C.

Sempervivum ›Oddity‹

Die in den USA zufällig gezogene Hybride wird wegen ihrer ungewöhnlichen Blätter geschätzt, die im Sommer violette Spitzen haben und an *Echeveria* (siehe S. 118–119) erinnern. Blühend unbekannt.

H. 2,5 cm, B. 60 cm. Mind. –15 °C.

Sempervivum ›Bellot's Pourpre‹

Die dichtstehenden Blätter dieser Hybride sind in sommerlicher Hitze rot überhaucht, schließlich tiefviolett. Wie alle mit weichen Härchen besetzten *Sempervivum* im Winter vor feuchter Kälte schützen.

H. 2,5 cm, B. 60 cm. Mind. –15 °C.

SENECIO

MEHR ALS TAUSEND ARTEN umfaßt diese Gattung, davon ca. 100 sehr langsam bis rasch wachsende Sukkulenten, die vor allem in Afrika und Indien heimisch sind. Die im Wuchs sehr vielgestaltige und von verzweigten Pflänzchen bis zu großen Sträuchern reichende *Senecio* züchtet man wegen ihres dekorativen Blattwerks. Die im Frühjahr, Sommer oder Herbst an langen Trieben sitzenden Blüten sind pinselartig, in der Färbung weiß oder rot. Die meisten sukkulenten *Senecio* sind leicht zu ziehen, manche Arten aus Madagaskar aber brauchen viel Wärme.

Blätter, die dicht mit silbrig-weißen Härchen besetzt sind.

LÄNGE/HÖHE UND BREITE

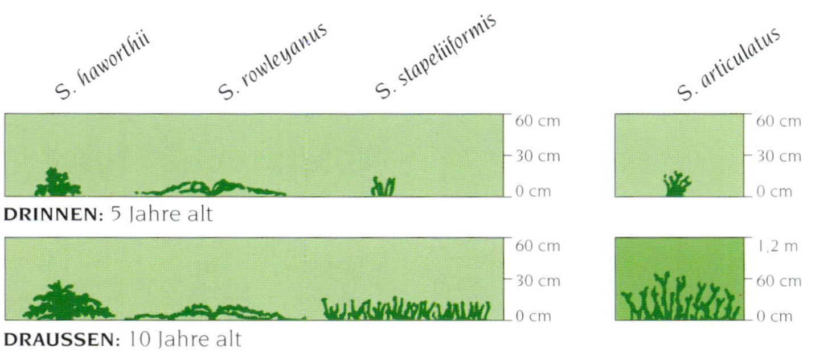

Senecio haworthii

Diese lichthungrige Spezies kommt in mehreren Formen vor. Ältere Exemplare bilden wuchernde Sträucher. Auch verlieren sie die unteren Blätter, werden also am besten in mehrjährigen Abständen aus 8 cm langen Triebstecklingen (siehe S. 156) neu gezogen. Die gelben, strahligen Blüten erscheinen in Kultur selten.

H. 30 cm, B. 90 cm. Mind. 5 °C.

Senecio articulatus

Reichlich gewässert, wachsen die Sprosse rasch und lang, doch zieht man diese Art am besten in magerem, trockenem Boden, damit sie kompakte, knorrige Pflanzen bildet. Die im Sommer ruhende Sukkulente bringt im Herbst unangenehm riechende Blüten hervor. Sonne oder Schatten.

H. 90 cm, B. unbegrenzt. Mind. 5 °C.

Senecio rowleyanus

Mit ihren hübschen, lang herabhängenden Trieben, besetzt mit kugeligen, oft bläulichen Blättern, eignet sich diese rasch wachsende, schattenliebende Sukkulente gut für Ampeln. Im Herbst lange haltende, glockige, kleine, weiße Blüten nahe dem Sproßende, wie Hyazinthen duftend.

L. und B. unbegrenzt. Mind. 5 °C.

Senecio stapeliiformis

Die variablen Triebe wachsen aus unterirdisch kriechenden Sprossen und sind grün gefleckt; auf den Rippen sitzen dornartige Blätter. Im Sommer trägt die Pflanze lange offene, langstielige, scharlachrote Blüten. Verträgt Sonne und Schatten, kann wuchern.

H. 15 cm, B. unbegrenzt. Mind. 5 °C.

STAPELIA

DEN FLEISCHIGEN, UNANGENEHM riechenden Blüten mit fünf Kronblättern verdankt diese Gattung den Namen Aasblumen. Manchmal groß und gelbbraun bis braun gefärbt, erscheinen die Blüten im Sommer meist an der Basis neuer Triebe; zweihöckerige Früchte folgen. Die meisten der ca. 100 Spezies bilden Gruppen aus kurzen kantigen Trieben, die auf den Rippen kurze Zeit rudimentäre Blätter tragen können. Nach einigen Jahren sterben die älteren, mittleren Sprosse ab. In kühleren Breiten setzt dann Fäule ein, so daß die Pflanze von Zeit zu Zeit aus Stecklingen erneuert werden sollte. *Stapelia* mag Sonne und Schatten und gedeiht gut in Ampeln, verträgt aber keine andauernde Trockenheit oder feuchte Kälte.

HÖHE UND BREITE

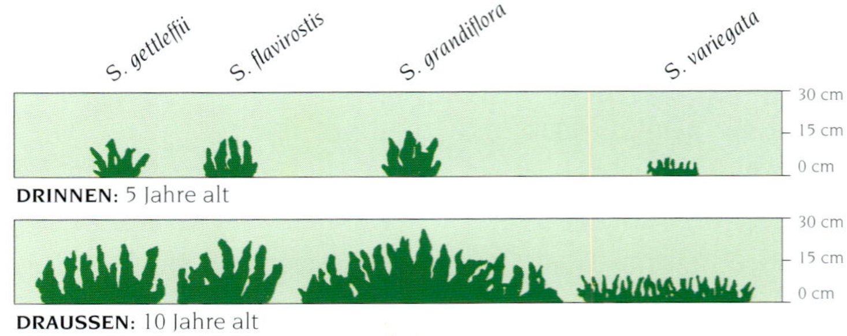

Stapelia gettleffii

Wunderbare gelbe Blüten, in der Form variabel, sind mit schmalen, hellbraunen bis violetten Streifen geschmückt. Sie erreichen bis zu 15 cm Durchmesser und sitzen an frischgrünen Stielen. In direkter Sonne sind die Triebe rot überhaucht. Eine der am leichtesten zu pflegenden Arten.
H. 25 cm, B. unbegrenzt. Mind. 10 °C.

Stapelia flavirostis

Diese Art – nah verwandt mit *S. grandiflora* – besitzt längere Haare am Rand der Kronblätter und variable Triebe. Die Blüten sind rostfarben bis hellviolett mit ockerfarbenen Streifen, bis zu 10 cm groß.
H. 25 cm, B. unbegrenzt. Mind. 10 °C.

Stapelia grandiflora

Braun-violette oder hellgelbe, bis zu 25 cm große Blüten erscheinen an gedrungenen Trieben mit winzigen Härchen. Die Sprosse eignen sich gut als Pfropfunterlage (siehe S. 158–159).
H. 30 cm, B. 1,5 m. Mind. 10 °C.

Stapelia variegata

Die Blüten sind 8 cm groß und meist violett getupft oder gestreift. Die kurzen, schlanken, kräftigen Triebe der weitverbreiteten Art sind grün oder blaugrün und färben sich bei Sonne oder Trockenheit rot.
H. 10 cm, B. 90 cm. Mind. 7 °C.

TESTUDINARIA

DIE FÜNF LAUBABWERFENDEN ARTEN dieser Gattung sind im südlichen Afrika und Mexiko heimisch. Sie besitzen einen langsam wachsenden holzigen Caudex (siehe S. 10), der, ob hell oder schattig stehend, ganz oder teilweise in der Erde vergraben ist. Die Pflanze ruht die Hälfte des Jahres und bringt rankende Triebe hervor. Am Ende der Wachstumsperiode zierliche Blüten an den oberen Trieben älterer Pflanzen. Der Status dieser Gruppe als eigenständige Gattung ist umstritten.

HÖHE UND BREITE

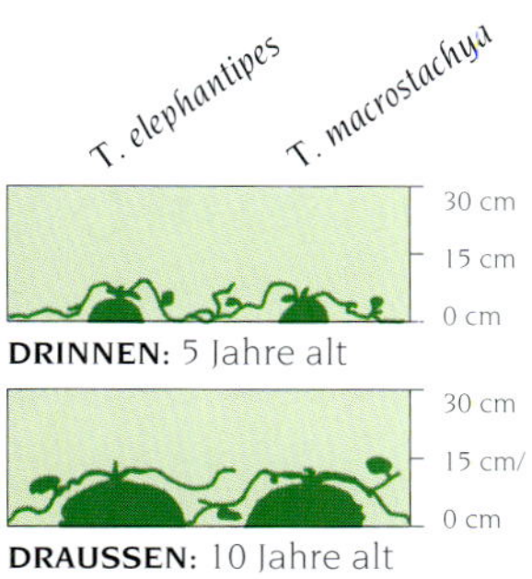

Testudinaria elephantipes

Basis des »Elefantenfuß« mit Erdreich bedecken; im Frühjahr und Sommer gießen, um die Ruhephase zu beenden.
Caudex: H. 60 cm, B. 90 cm;
Blattwerk: L. 5 m. Mind. 10 °C.

Testudinaria macrostachya

Fast identisch mit *T. elephantipes*, besitzt diese Spezies etwas größere Blätter und einen flacheren Caudex.
Caudex: H. 60 cm, B. 90 cm;
Blattwerk: L. 5 m. Mind. 10 °C.

Pflege und Kultur

Eine praktische Anleitung zu allen Fragen der erfolgreichen Auswahl, Pflanzung und Pflege von Kakteen und Sukkulenten für drinnen, draußen oder im Gewächshaus. Außerdem alles über die Vermehrung der Pflanzen, ihre möglichen Krankheiten und deren Bekämpfung.

GERÄT UND MATERIAL

IM ALLGEMEINEN REICHEN die üblichen Gartengeräte vollkommen für die Pflege von Kakteen und Sukkulenten aus, doch gibt es einige Dinge – hier vorgestellt –, die besonders nützlich sind. Grobkörnige Substrate und Erden sowie ebensolches Abdeckmaterial sorgen für die zum Gedeihen der Pflanzen nötige Drainage.

Bei der Vermehrung genügen einige Töpfe oder Saatschalen auf der Fensterbank. Im Wintergarten oder Gewächshaus gewährleisten ein Ventilator, ein Gebläse oder ein Sauglüfter die richtige Belüftung. In den kühl-gemäßigten Breiten ist im Winter ein beheiztes Gewächshaus erforderlich.

GARTENGERÄTE

Sie sind in der Anschaffung etwas teurer, aber Qualitätswerkzeuge lohnen sich auf Dauer, sind haltbarer und leicht zu handhaben. Einige Dinge sind für das Hantieren mit bedornten Kakteen unschätzbar. Zur Vermeidung unangenehmen »Kontakts« empfehlen sich feste Handschuhe, Papiermanschetten, ein Lappen oder eine Grillzange. Stacheln entfernt man mit einer Pinzette, bei Borsten behilft man sich mit Klebeband oder badet die betroffene Partie in heißem Seifenwasser.

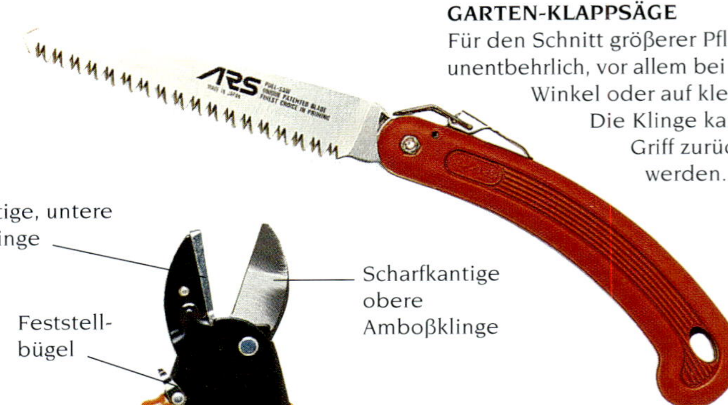

GARTEN-KLAPPSÄGE
Für den Schnitt größerer Pflanzen ist sie unentbehrlich, vor allem bei ungünstigem Winkel oder auf kleinem Raum. Die Klinge kann in den Griff zurückgeklappt werden.

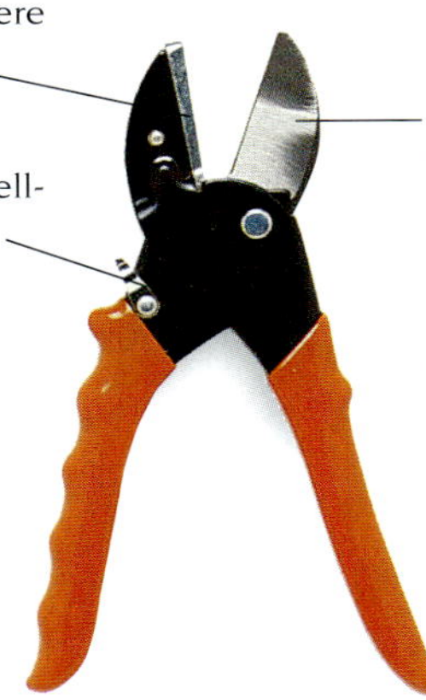

GARTENSCHERE
Will man Pflanzen beschneiden oder Stecklinge nehmen, ist eine Amboßschere der herkömmlichen Schnabelschere vorzuziehen, deren Schnitte nicht so sauber sind, vor allem bei holzigen Trieben. Für viele Linkshänder sind Amboßscheren leichter zu handhaben.

ALLZWECK-GARTENMESSER
Außer für schweren Gehölzschnitt eignet es sich für alle Schnitte.

TEPPICHMESSER
Mit der dünnen, scharfen Klinge für das Pfropfen eine gute Alternative zum Allzweckmesser.

HANDSCHUHE
Beim Umgang mit bestachelten oder bedornten Pflanzen bieten Velourleder- oder Lederhandschuhe Schutz. Arbeitshandschuhe aus Vinyl sind zwar flexibler, bei warmem Wetter aber unangenehm.

SCHMALER HANDSPATEN
Der schmale Spaten ist für unzugängliche oder enge Bereiche gut geeignet.

PFLANZSTAB
Damit sticht man ein Loch in das Substrat, um Sämlinge oder Stecklinge zu pflanzen.

BREITER HANDSPATEN
Beim Bepflanzen von großen Gefäßen oder Fensterkästen und beim Substratmischen ist dieser Spaten sehr hilfreich.

PFLANZKELLE
Mit der Pflanzkelle lassen sich Sämlinge oder Stecklinge ausheben oder kleine Pflanzen austopfen, ohne die Wurzeln zu beschädigen.

HANDHACKE
Dieses Gerät ist nützlich, wenn's eng ist oder beim Jäten dichter Bepflanzungen.

LÖFFEL
Wenn es eng wird, eignet sich ein Eßlöffel gut als Mini-Spaten.

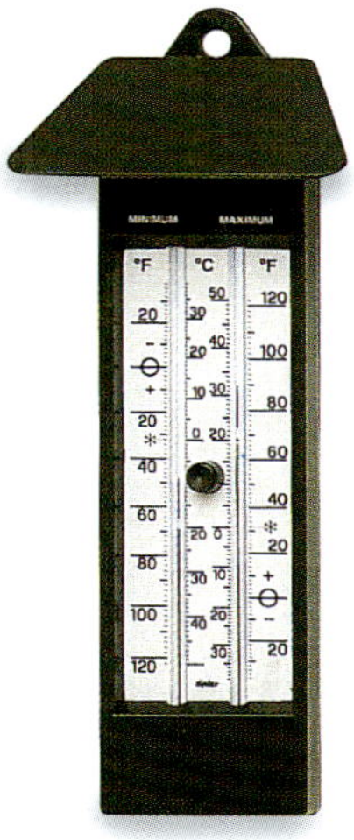

MAXIMUM-MINIMUM-THERMOMETER
Mit Hilfe dieser Art von Thermometer, das sowohl die höchste als auch die niedrigste Temperatur anzeigt, läßt sich leicht der für jede Pflanze geeignete Standort finden – oder feststellen, weshalb sie Schaden genommen hat.

FEUCHTIGKEITSANZEIGER
Die einzige Möglichkeit, die Feuchtigkeit einer Topf- oder Beeterde genau zu bestimmen, bietet dieses Meßgerät. Nur wenn es trockenes Substrat anzeigt, muß man gießen.

SAATSCHALE
In Saatschalen zieht man Sämlinge oder läßt Stecklinge wurzeln. Sie sollten mindestens 4–6 cm tief sein, damit das Substrat nicht zu schnell austrocknet.

PINSEL
Feine Haarpinsel sind für die Bestäubung unentbehrlich; und man kann Splitt, Erde und Spinnweben leicht von bestachelten Pflanzen entfernen, ohne sie zu beschädigen.

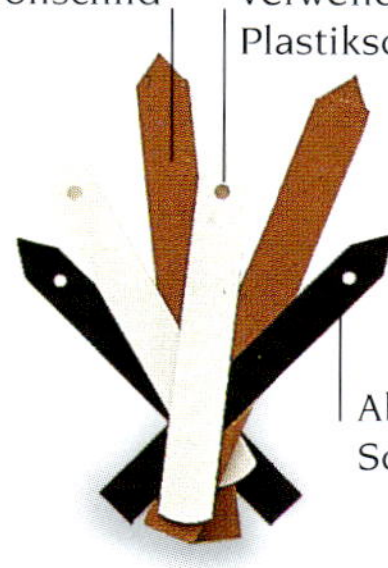

SCHILDER
Auf ihnen hält man Informationen fest, die vor allem bei der Vermehrung wichtig sein könnten.

TÖPFE UND UNTERSETZER
Für die meisten Kakteen oder Sukkulenten sind schmale, tiefe oder größere, flache Töpfe gut geeignet. Plastiktöpfe sind haltbarer als Tontöpfe, auch muß man weniger gießen. In Wohnräumen sollte man Untersetzer verwenden.

SUBSTRATE UND ABDECKMATERIAL

Das Angebot an Sukkulentensubstraten ist reichhaltig, aber notwendig sind nur wenige Grundstoffe. Spezielle Kakteenerde ist zwar im Handel erhältlich, aber eigene Substrate lassen sich leicht und preisgünstig selbst herstellen. Für Zimmerpflanzen mischt man zwei Teile handelsübliches humusfreies Substrat mit einem Teil 6 mm großen gewaschenen Splitt. Im Freiland nimmt man ein Substrat ohne humosen Anteil aus drei Teilen Torf, Kokosfaser oder Rindenmulch sowie einem Teil Splitt (6 mm); für kleine, schlechter drainierende Töpfe gleiche Anteile Torf und Splitt verwenden. Eine Grunddüngung nach Herstellerangaben vornehmen. Keinen Sand verwenden, weil das Substrat klumpt und weniger durchlässig wird. Ein Substrat mit humosem Anteil oder Lehm eignet sich für drinnen und draußen, kann sich aber verfestigen, wenn man es austrocknen läßt. Eine gute Mischung ist drei Teile John Innes Nr. 2 oder Nr. 3 mit Dünger auf einen Teil Splitt (6 mm).

Jede Bepflanzung wird durch passendes Deckmaterial aufgewertet. Dadurch werden auch Spritzer auf den Pflanzen und zu rasche Austrocknung verhindert, Unkraut unterdrückt. Korngröße und Farbe des Abdeckmaterials sollten harmonieren. Regional verfügbares Gestein ist meist am besten, obwohl sich auch Bims oder Kiesel eignen. Keinen zermahlenen Kalkstein verwenden, da dadurch der Gehalt an Basen im Boden steigt.

KAUFEN UND PFLANZEN

WER ERFOLGREICH KAKTEEN und Sukkulenten ziehen will, muß zunächst einmal sorgfältig auf die Auswahl gesunder Exemplare achten und ihnen einen passenden Standort anbieten können (siehe S. 150–151). In Wohnräumen ist ein Platz am hellen Fenster gut geeignet. Am besten ist allerdings immer noch das Gewächshaus, weil es gleichmäßige Helligkeit und leicht regulierbare Temperatur und Luftfeuchtigkeit bietet. Im Freien lassen sich Pflanzen in Gefäßen halten, wenn im Sommer die Durchschnittstemperaturen etwa 21 °C erreicht haben. Eine Dauerbepflanzung draußen ist nur in Gegenden möglich, die praktisch frostfrei sind; als Beetpflanzen eignen sich in gemäßigten Breiten winterharte Sukkulenten. Epiphyten und andere schattenliebende Pflanzen gedeihen in warmen Regionen gut im natürlichen Schatten. Wo immer also die Pflanzen leben sollen, brauchen sie den geeigneten Kulturraum.

PFLANZEN KAUFEN

In Supermärkten, Blumenläden und Gartencentern sind zwar die eher anspruchslosen Kakteen und Sukkulenten zu erhalten, doch ist ihr Angebot begrenzt. Spezialisierte Gärtnereien oder der Versandhandel bieten dagegen eine interessantere und größere Auswahl an.

Manche Kakteengärtnereien und botanische Gärten vermitteln durch Ausstellungen einen Eindruck davon, wie ausgewachsene Kakteen und Sukkulenten aussehen können; ein Besuch dort vor dem Kauf lohnt sich also.

GESUNDE PFLANZEN
Man sollte stets makellose Pflanzen mit Ansätzen zu frischem Austrieb wählen. Eine Pflanze in frischem gepflegtem Substrat zeigt, daß die Züchter auf guten Zustand bedacht sind.

UNGESUNDE SUKKULENTE
Anzeichen schwachen Wachstums zeigt sich eher bei Sukkulenten als Kakteen. Man sollte keine Pflanzen kaufen, die Krankheiten zeigen, die nur wenige Blätter und dürre Triebe tragen oder im Topf oder schlechtem Substrat eingewachsen sind.

KRANKER KAKTUS
Erkennt man Krankheiten oder unregelmäßiges Wachstum, sollte man nicht kaufen. Auf Flecken und beschädigte Dornen achten.

Pflanzen in Gefässen

Da Kakteen und Sukkulenten meist flach wurzeln, brauchen sie keine besonders tiefen Gefäße. Exemplare mit weniger als 15 cm Durchmesser zieht man am besten in Töpfen, die rund 2,5 cm größer als der Pflanzendurchmesser sind; bei größeren Pflanzen muß der Topfdurchmesser 5–10 cm größer sein. Bei Töpfen bis zu 9 cm Durchmesser und sehr hohen Pflanzen eignen sich am besten Gefäße mit voller Höhe, sonst sind halbhohe Töpfe mit 8–15 cm Höhe zu verwenden.

Bei Einzelpflanzung im Topf ist nach dem rechts abgebildet Muster zu verfahren. Kübel für draußen sollten Löcher haben; ratsam ist hier auch eine untere Schicht aus Blähton oder Kies.

Bei Gruppenpflanzungen im selben Gefäß sind Pflanzen mit ähnlichen Kulturansprüchen und Wachstumsphasen zu wählen. Viele langsamwachsende Sukkulenten eignen sich als Nachbarn von Wüstenkakteen, werden von raschwachsenden Sukkulenten aber leicht überwuchert. Lithops muß aber wegen seiner Ansprüche allein gepflanzt werden (siehe S. 133).

1 Nötigenfalls eine Papiermanschette oder Handschuhe zum Schutz gegen die Dornen benutzen. Die Pflanze aus dem Topf holen und die Wurzeln freizupfen.

2 In einen sauberen Topf frische Kakteenpflanzerde geben. Beim Einsetzen muß sich der obere Rand des Wurzelballens ca. 1 cm unter dem Topfrand befinden.

3 Den Kaktus mit der Manschette festhalten und den Topf bis 1 cm unterhalb des Randes mit Erde auffüllen. Erde leicht andrücken, nötigenfalls mit der Pflanzkelle.

4 Mit einem Löffel eine Schicht Abdeckmaterial aufbringen, z. B. 6 mm großen gewaschenen Splitt. Pflanze setzen lassen und nach 3–4 Tagen etwas gießen.

Beetpflanzungen

In frostfreien Gegenden kann man Kakteen und Sukkulenten an jedem sonnigen windgeschützten Standort einpflanzen, solange die Erde gut durchlässig und nicht zu sauer oder basisch ist. Falls die Temperatur bis auf Null sinkt, bietet eine besonnte Mauer den nötigen Schutz. Für die Drainage im Gewächshaus oder in Gegenden mit viel Regen (pro Jahr mehr als 635 mm) sorgen ein Hochbeet oder ein Hügelbeet (siehe S. 151). Auch hier verbessert eine Schicht Abdeckmaterial (siehe S. 147) die Drainage und verhindert Erosion.

Beim Einsetzen sollte den Pflanzen ausreichend Platz zum Wachsen gelassen werden. Zimmerpflanzen sind zunächst draußen im Schatten etwas abzuhärten, bevor sie ins Freie gepflanzt werden. Im Sommer kann man ein Beet oder einen kiesgefüllten Trog vorbereiten und dann die Pflanzen in ihren Töpfen einlassen.

1 Zunächst das Abdeckmaterial entfernen und ein Pflanzloch für den Wurzelballen vorbereiten. Dann die Pflanze aus dem Topf holen und die Wurzeln freizupfen.

2 Den Kaktus einsenken, nicht tiefer als er im Topf stand. Wurzeln ausbreiten. Substrat auffüllen, andrücken; Abdeckmaterial aufbringen. Nach 3–4 Tagen gießen.

Mauerspalten bepflanzen

Verschiedene kleine Kriechsukkulenten aus felsigen Lebensräumen, etwa bestimmte *Sedum*-Arten, *Mesembryanthemum* oder *Crassula*, gedeihen sogar im dünnen Erdreich einer Mauerspalte. Sämlinge und bewurzelte Stecklinge eignen sich dazu am besten.

Mit der Pflanzkelle etwas Erde aus der Spalte holen. Die Pflanze in einer Hand halten und die Wurzeln vorsichtig lösen. Mit der Pflanzkelle etwas Substrat einbringen und die Pflanze leicht andrücken.

PFLEGE UND KULTURANSPRÜCHE

WEITVERBREITET IST DIE AUFFASSUNG, Kakteen und Sukkulenten bräuchten kaum Pflege, da sie aus Wüsten stammten. Doch was sie brauchen, gleicht durchaus den Kulturansprüchen anderer Pflanzen, davon abgesehen, daß sie mit weniger Wasser auskommen und kälteempfindlich sind. Zwar vertragen sie geringe Vernachlässigung, doch treten sie dann eher in eine Ruhephase und werden unansehnlich. Bekommen sie aber das richtige Maß an Licht, Wasser, Wärme und Nährstoffen sowie das geeignete Substrat, werden Kakteen und Sukkulenten gut gedeihen und jedes Jahr Blüten hervorbringen.

Kakteen und Sukkulenten kann man grob in Wüstenpflanzen, die Trockenheit und Sonne lieben und in Dschungelpflanzen, die feuchten Schatten bevorzugen, einteilen. Alle aber brauchen gute Drainage, Wärme und Düngung während ihrer Wachstumsphase (siehe auch S. 162–167).

LICHT

Die meisten ausgewachsenen Kakteen und Sukkulenten brauchen einen hellen Standort, deshalb gibt man ihnen einen sonnigen Platz auf dem Fensterbrett oder im Gewächshaus. Dort brauchen die Pflanzen den Sommer über Schatten. Nach draußen in die pralle Sonne gebrachte Jungpflanzen sollte man zunächst einige Tage unter Stoffbahnen schützen. Das meiste Licht erhalten Gewächshäuser bei Ost-West-Ausrichtung.

Urwaldpflanzen fühlen sich im Halbschatten eines Baumes wohl, unter einem Gewächshaustisch oder am schattigen Fenster. In wärmeren Breiten reduziert ein beschattetes Gewächshaus – mit Latten-, Netz- oder festem Dach und offenen oder variablen Seiten – den Lichteinfall um bis zu 50 Prozent.

In der Ruhephase – meist im Winter – kommen Kakteen und Sukkulenten mit weniger Licht aus. Bei schwacher Wintersonne jedoch sollte man selbst die schattenliebenden Pflanzen an einen hellen Platz bringen. Tageslicht kann durch künstliches Licht mit den Pflanzenansprüchen angepaßten Wellenlängen ergänzt werden. Oft ist der Abstand zwischen Pflanze und Lichtquelle entscheidend, daher sind die Herstellerangaben einzuhalten. Drinnen kann man einen Spiegel hinter die Pflanze plazieren, um das Licht gleichmäßig zu verteilen.

Manche Kakteen und Sukkulenten, wie *Schlumbergera* und *Crassula*, sind so lichtabhängig, daß sie erst blühen, wenn die Tage kürzer als zwölf Stunden sind. Daher sollte man diese Pflanzen bis zum Knospen in wenig genutzten Räumen halten.

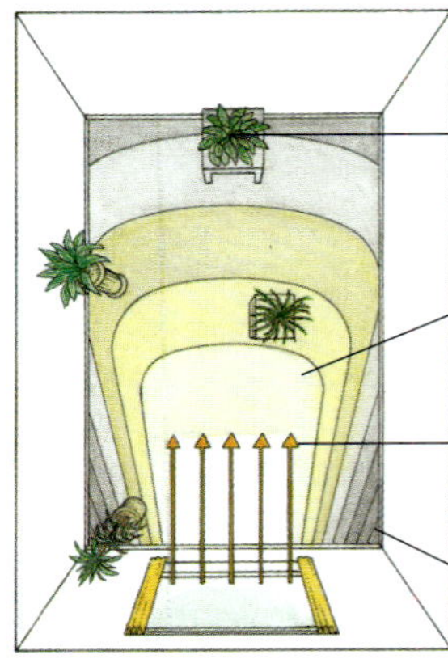

LICHTVERHÄLTNISSE IM RAUM
Licht nimmt mit größerem Abstand vom Fenster ab. In der zweiten Zone kann es nur noch halb so stark wie am Fenster und für die meisten Pflanzen schon zu schwach sein; am schwächsten ist es neben dem Fenster und an der gegenüberliegenden Wand.

TEMPERATUR

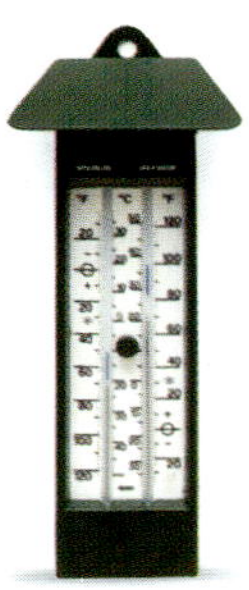

Für die meisten Kakteenarten und manche Sukkulenten sind die Temperaturen ebenso entscheidend wie das Licht. Meist gehen sie im Winter in die Ruhephase über, ihre Wachstumsphase ist der Sommer, doch extreme Wärme oder Kälte kann die Ruhephase jederzeit einleiten, bis die Temperaturen wieder im angemessenen Bereich liegen.

In der Natur vertragen Kakteen und Sukkulenten beträchtliche Temperaturschwankungen. *Sempervivum* liegt im Winter unter Schnee, Andenpflanzen wie *Oreocereus* vertragen sengende Sonne wie auch Nachtfröste, andere wie *Epiphyllum* besiedeln feuchtheiße Urwälder. In Kultur gedeihen Kakteen und Sukkulenten gut in Wohnräumen, wenn sie es auch mögen, im Sommer nach draußen geräumt zu werden. Bei zentralbeheizten Räumen sollte man ruhende Pflanzen an einem Ort mit 10–15 °C überwintern. In kühleren Regionen nimmt man die Pflanzen am besten von den nachts kältebedrohten Fensterbrettern.

Die meisten Kakteen und Sukkulenten brauchen im Gewächshaus Temperaturen von 10–32 °C. Zuviel Sonneneinstrahlung kann vor allem bei den höher stehenden Pflanzen zu Brandflecken führen. An heißen Tagen sollte man daher das Gewächshaus mit Rollos schützen oder das Glas mit einem Außenanstrich versehen. Gute, zugfreie Belüftung ist für gesundes Pflanzenwachstum und zur Reduzierung der Feuchtigkeit, die bei vielen Kakteen zur Fäule führen kann, ebenfalls wichtig. Das gilt sogar im Winter bei Temperaturen von mehr als 16 °C. Tropische Kakteen und Sukkulenten gedeihen nur bei mehr Wärme; sie brauchen 21–32 °C.

Einige Kakteen und Sukkulenten vertragen kurzfristig Außentemperaturen von 0 °C, gedeihen aber nur bei mindestens 5 °C. Wo es im Winter ständig friert, sind Freilandpflanzen den Sommer über in Gefäßen zu halten oder mit Topf in Sommerbeete einzusenken. Vor Beginn der kalten Jahreszeit räumt man sie nach drinnen. In normalerweise frostfreien Gegenden bietet eine Abdeckung aus Sackleinen, Papier oder Plastik Schutz vor gelegentlichen Frösten. Besonders anfällig sind säulige Pflanzen. Sind bereits Kälteschäden aufgetreten, dann meist an jungem Wachstum, das ausgeschnitten werden kann.

Erde und Substrate

Zwar überleben Kakteen und Sukkulenten auch in Ton oder Sand, sind aber viel gesünder, wenn man sie in einer Erde zieht, die gut durchlässig ist und dennoch die Feuchtigkeit hält. Bei Topfpflanzen und kleinen Beeten empfiehlt sich ein mit kleinen Steinen durchsetztes Substrat (siehe S. 147); Gartenerde dagegen enthält meist auch Keime und Unkrautsamen.

Bei Freilandpflanzungen ist es ratsam, den Boden vorzubereiten. Die meisten Kakteen und Sukkulenten mögen leicht sauren Boden (pH 5,5–6,5). Bei stark saurem Boden sollte man Gartenkalk oder Calciumpräparate beimischen. Bei zu schwach saurer Erde gibt man reichlich Torf, Kompost oder Schwefelblume nach Herstellerangaben hinzu. Auch regelmäßiges Düngen sorgt für leicht saure Verhältnisse.

Bei sandigem Boden mischt man einen Teil Torf oder gut verrotteten Kompost mit drei Teilen Erde, damit das Substrat besser Feuchtigkeit speichert. Der fertigen Erde sollte man noch einen Teil scharfen Splitt oder feinen Kies zufügen, um für Durchlässigkeit zu sorgen.

Lehmige Erde ist kaum durchlässig. Ein etwas erhöhtes Beet (mind. 15 cm), möglichst nicht über undurchlässigem Grund, hilft. Dazu auf den Boden zunächst Drainagematerial wie Kies aufbringen, darüber alten Teppich oder Zeitung legen. Abschließend ein Splitt-Substrat-Gemisch aufbringen und so andrücken, daß die Ränder geneigt sind.

Wasser

Wohl die häufigste Ursache für den Tod von Kakteen und Sukkulenten in Kultur ist zu starkes Gießen, das zur Fäule führt. Ganz unabhängig von der Erfahrung bietet nur ein Feuchtigkeitsanzeiger (siehe S. 147) Sicherheit. Gießen sollte man nicht eher, bis nahezu »trocken« angezeigt wird. Die meisten Kakteen und Sukkulenten überstehen längere Trockenheit, im Zweifelsfalle also nicht wässern. Im allgemeinen brauchen diese Pflanzen nur in der Wachstumsphase Wasser (eher im Frühjahr und Sommer), in der Ruhephase (im Winter) wenig oder keines.

Im Frühjahr und Herbst sind die meisten Pflanzen alle 1–2 Wochen zu gießen, bei kleinen Töpfen auch häufiger. Im Sommer darf das Substrat zwischen den Wassergaben fast austrocknen. Nicht zuviel zu gießen ist wichtig, da die meisten Pflanzen bei Hitze ruhen. Sie können dann kein Wasser aufnehmen und würden von den Wurzeln her faulen. Das mag zunächst nicht auffallen, aber mit der ersten Herbstkühle gehen sie ein. Wo die Wintertemperaturen nicht unter 10 °C sinken, sollte man ab und zu sparsam wässern; in kühleren Breiten stellt man dann das Gießen ein. Größere Pflanzungen gießt man von oben. Das geschieht am besten morgens oder abends, damit die Pflanzen das Wasser aufnehmen können und Rückstände auf Blättern und Trieben verdunsten können, bevor die Sonneneinstrahlung zu Brandflecken führt. Bei einigen Topfpflanzen ist es bequemer, die Töpfe ins Wasser zu setzen, und sie danach abtropfen zu lassen.

Freilandpflanzen, Fensterkästen und Kübel, vor allem mit einer Schicht Abdeckmaterial, besitzen ein besseres Wasserhaltevermögen als Pflanzen in Wohnräumen. Der Gießrhythmus hängt von der Umgebung ab.

Tropische Arten brauchen meist eine höhere Luftfeuchtigkeit. In Räumen sollte man deshalb gelegentlich nebeln. Andere Kakteen und Sukkulenten mögen es trockener.

Nährstoffe

Kakteen und Sukkulenten sind hungrige Pflanzen: Sie müssen in der Wachstumsphase regelmäßig und ausgewogen mit Mineralien versorgt werden. Stickstoff (N) regt das oberirdische Wachstum an, Kalium (K) den Blüten- und Fruchtansatz, Phosphor (P) die Wurzelbildung; wichtig sind ferner die Spurenelemente. Wildwachsend können Kakteen und Sukkulenten aufnehmen, was der Boden an Mineralstoffen bereithält – sofern in Regen oder Tau gelöst. Da die Nährstoffe demgemäß nur unregelmäßig verfügbar sind, ist meist ein Überleben gerade noch möglich, bei regelmäßiger Versorgung in Kultur dagegen blühen sie auf.

Organischer wie anorganischer Dünger ist als Pulver, Granulat, in flüssiger oder fester Form erhältlich. Vorteil des anorganischen Düngers sind gleichbleibende Bestandteile und Zusammensetzung. Manche organische Dünger wie Seetang enthalten reichlich die nötigen Spurenelemente, jedoch nicht immer in gleichen Anteilen, andere enthalten mitunter zuwenig. Daher kann es notwendig sein, sie mit zusätzlichen Mineralgaben zu ergänzen.

Kakteen und Sukkulenten müssen zweiphasig gedüngt werden. Daher ist dem Substrat zur Pflanzzeit oder bei der jährlichen Beeterneuerung eine Grunddüngung in Pulver- oder Granulatform beizumischen.

Darauf ist in der gesamten Wachstumszeit, meist Frühjahr und Sommer, fester oder flüssiger Dünger zu geben, damit die Jungtriebe im Herbst ausreifen können. Pflanzen, die wie *Testudinaria* im Sommer ruhen, düngt man während des Wachstums im Frühjahr und Herbst. Gedüngt wird mit dem Gießen, jedoch nicht öfter als einmal wöchentlich bei Wüstenpflanzen oder zweimal wöchentlich bei Tropenpflanzen.

Kakteen und Sukkulenten sprechen gut auf Zusammensetzungen mit 15 % Stickstoff, 15 % Kalium, 30 % Phosphor und allen Spurenelementen an; diese gibt man in der Hälfte der vom Hersteller für Tomaten empfohlenen Konzentration. Tomatendünger ist zunächst ganz brauchbar, enthält meist aber zuwenig Stickstoff und kann daher auf Dauer zu Verwachsungen und zum Verholzen führen. Bei zuviel Stickstoff hingegen werden die Kakteen dünn und blühfaul, Sukkulenten dürr und kraftlos.

Allgemeine Pflegehinweise

Werden ihre grundlegenden Bedürfnisse befriedigt (siehe S. 150–151), dann lassen sich Kakteen und Sukkulenten mit wenig Aufwand gesund erhalten. Man sollte daher ein- oder zweimal im Monat etwas gründlicher hinschauen und Staub oder unansehnliche Blätter entfernen. Die Pflanzen danken es auch, wenn man sie mit gelegentlichem Beschnitt wieder in Form bringt oder sie alle paar Jahre umtopft.

Schnitt

Was Aussehen und gesundes Wachstum angeht, tut es den meisten Sukkulenten und manchen Kakteen, vor allem *Epiphyten* (siehe S. 10–11) gut, wenn man sie beschneidet, um eine kompakte Wuchsform zu erhalten. Man sollte auch Geiltriebe entfernen, die an der Wuchskraft der Pflanze zehren. Strauchige Sukkulenten schneidet man zu Beginn der Wachstumszeit, winterblühende Sukkulenten im Sommer, epiphytische Kakteen wie *Epiphyllum* nach der Blüte.

Stets sind saubere, scharfe Werkzeuge zu benutzen (siehe S. 146), um Verletzungen zu vermeiden. Strauchige Pflanzen beschneidet man knapp oberhalb eines Triebs oder einer nach außen zeigenden Knospe, wobei keine Stümpfe bleiben sollten. Kriechende Pflanzen sehen gesünder aus, wenn man alte Blätter unter den Jungtrieben entfernt. Die längsten Triebe hängender Pflanzen schneidet man zurück, um frischen Austrieb an der Basis anzuregen.

Da regelmäßig zurückgeschnitte Kakteen und Sukkulenten mit der Zeit verholzen, sollte man aus dem Beschnitt Stecklinge zur Vermehrung ziehen.

SCHNEIDEN VON EPIPHYTEN

1 Kopflastige endständig verzweigte Triebe zurückschneiden. Amboßscheren ermöglichen einen sauberen, geraden Schnitt knapp unterhalb des Blattansatzes.

2 Verwachsene Sprosse blühen kaum. Diese sowie alte oder befallene Triebe an der Pflanzenbasis ausschneiden, wieder parallel zum Querschnitt.

3 Um erneutes Absterben zu vermeiden, Stümpfe oder tote Sproßenden mit einem geraden Schnitt durch das gesunde Gewebe entfernen.

4 Alte Triebe, die Blüten trugen, werden bis auf den nächsten Jungtrieb zurückgeschnitten, indem man etwas schräg oberhalb und parallel zur Blattader schneidet, die den Jungtrieb versorgt.

VORHER
Wildwuchs wirkt unansehnlich, nimmt Wuchskraft und vergrößert die Anfälligkeit für Krankheiten.

5 Nach dem Schnitt ist die Pflanze etwas »geschoren«, es werden sich aber rasch Jungtriebe und eine elegantere Wuchsform entwickeln.

Umtopfen

Um ein gesundes Wurzelwachstum zu fördern, muß man alle Pflanzen regelmäßig umtopfen; sonst wachsen sie im Topf ein. Wie oft, das hängt vor allem davon ab, wie schnell sie wächst, doch sollte man allen Topfpflanzen alle zwei bis drei Jahre frisches Substrat gönnen, auch wenn sie ihr Gefäß noch nicht ganz ausfüllen. Substrate verfestigen sich mit der Zeit und werden dadurch undurchlässiger; ebenso stellt sich leicht ein mineralisches Ungleichgewicht ein.

Am besten eignet sich der Beginn der Wachstumszeit zum Umtopfen. Man wähle einen neuen, sauberen Topf in den zur Pflanze passenden Proportionen, um die Wurzelneubildung zu berücksichtigen (siehe Pflanzungen in Gefäßen, S. 149). Die meisten Kakteen und Sukkulenten, außer den hochsäuligen, sind flachwurzelnd, daher sind eher Schalen als Töpfe zu verwenden.

Die Wurzeln genau auf Schädlingsbefall usw. untersuchen. Jahrelang nicht umgetopfte und zu feucht oder zu trocken gehaltene Pflanzen sind meist nur schwach eingewurzelt; nach dem Umtopfen also vorsichtig gießen, bis sich neue Wurzeln gebildet haben.

Benutzen Sie weiter dieselbe Art Substrat, sollten Sie den Wurzelballen auflockern, um das Einwurzeln zu erleichtern; bei einer neuen Sorte möglichst viel altes Substrat entfernen. Das weitere Vorgehen gleicht dem für das Bepflanzen von Gefäßen. Eine Woche lang nicht wässern (Fäulnisgefahr). Bei stark bedornten Exemplaren wie unten vorgehen.

Beim Herauslösen des Wurzelballens darauf achten, die feinen Wurzelhaare nicht zu beschädigen.

UMTOPFEN EINGEWACHSENER PFLANZEN

Zunächst den Wurzelballen herauslösen und alte Erde entfernen. Zu lange, alte oder beschädigte Wurzeln zurückschneiden.

UMTOPFEN DORNIGER KAKTEEN

1 Einen um mindestens 1 cm größeren Topf als zuvor wählen. Mit milder Seifenlauge ausbürsten, etwas Substrat einfüllen. Einen kleineren Topf als Ersatz für die Pflanze im größeren plazieren.

Der innere Topf ist genauso groß wie das alte Gefäß.

2 In den Zwischenraum weitere Erde bis 1 cm unterhalb des Randes geben. Leicht andrücken und den kleineren Topf herausnehmen, der nun seine Form als »Negativ« zurückläßt.

3 Nötigenfalls Schutzhandschuhe tragen. Pflanze auf die Seite legen und vorsichtig aus dem Topf lösen. Alte Erde oben vom Wurzelballen entfernen, die Wurzeln etwas herausarbeiten, abgestorbene zurückschneiden. Auf Krankheiten achten.

4 Die Pflanze am Wurzelballen über den neuen Topf halten, vorsichtig einsenken und nötigenfalls andrücken. Substrat nachfüllen und mit dem Pflanzholz unter die Pflanze schieben; leicht andrücken. Mit 1 cm Abdeckmaterial bedecken.

Pflege

Bei guter Pflege bleiben Aussehen und Wuchskraft der Pflanzen erhalten. In warmen Gegenden mit wenig Niederschlag setzt sich auf Zimmer- und Freilandpflanzen leicht Staub ab; bei bedornten Exemplaren entfernt man Schmutz mit einem weichen Pinsel, Pflanzen ohne Behaarung spritzt man vorsichtig ab. Bei starkem Schmutz mischt man 600 ml Wasser einen Teelöffel Flüssigseife bei.

Verblühte Blüten entfernt man – sofern sich keine schönen Früchte bilden –, ebenso unansehnliche Blätter. Damit keine Keime eindringen, schneidet man beschädigte Teile mit einem Messer, das gut heilende Schnittflächen hinterläßt.

Abgestorbene Blätter und Sprosse entfernen, da sie gern von Krankheiten befallen werden. Sukkulente Rosettenblätter ausgeizen, Triebe oberhalb gesunder Knoten abzwicken.

Vermehrung

Die meisten Kakteen und Sukkulenten können leicht vermehrt werden. Zudem ist es die einzige Möglichkeit, an neue Exemplare gefährdeter Arten zu kommen. Das Ziehen von Stecklingen oder das Teilen von Pflanzen sind zuverlässige Methoden zur Vermehrung von Hybriden. Die Zucht aus Samen ist langwieriger, ergibt jedoch mehr neue Exemplare und ermöglicht neue Formen. Sehr langsam wachsende Pflanzen, die viel Wärme brauchen, werden am besten gepfropft; so erreichen sie in nur wenigen Jahren eine ordentliche Größe. Welche Methoden für die einzelne Pflanze am geeignetsten ist, siehe S. 166–167.

Aufzucht aus Samen

Trockene Samen sind im Handel erhältlich, bessere Ergebnisse erzielt man aber mit frischem Samen. Die Samenkapseln sollten an der Pflanze ausreifen und dann erst genommen werden. Den Samen fleischiger Früchte herauspressen und auf Küchenpapier trocknen lassen. Durchsieben, um ihn von fäulnisbildenden Kapselresten zu trennen. Dies geschieht am besten im Spätwinter.

SAMEN AUSSÄEN: Je nach Menge und Größe der Samen nimmt man einen 5 cm großen Topf oder eine 5 cm tiefe Saatschale. Beim Befeuchten des Substrats gibt man vorbeugend ein Fungizid hinzu (siehe S. 161).

1 Den Topf fast randvoll mit Erde füllen und andrücken. Die Saat gleichmäßig verteilen (siehe kleines Bild). Topf in lauwarmes Wasser setzen, bis die Erde durchfeuchtet ist; dann abtropfen lassen. Mit einer dünnen Schicht Splitt abdecken.

2 Topf unter Plastikbeutel oder in beheizbare Saatkiste setzen. Im Halbschatten bei mindestens 19 °C oder 21–27 °C halten, um die Keimung zu fördern.

PIKIEREN: Topf aus Beutel oder Saatkiste nehmen, sobald die Samen gekeimt sind (nach 2–4 Wochen). Bei 10 °C an hellem, luftigem Platz halten, jedoch nicht sonnig, um Brandflecken zu vermeiden. Einige Monate bis ein Jahr warten, um dann vorsichtig zu pikieren; neue Wurzeln können leicht beschädigt werden. Sämlinge, die kleiner als 2,5 cm sind, in eine Schale, größere in einen Topf pflanzen.

1 Sämlinge erst pikieren, wenn sie sich bedrängen oder die Erde sich verfestigt. Eine Sämlingsgruppe mit Hilfe der Pflanzkelle vorsichtig mit der Erde ausheben; junge Wurzeln nicht beschädigen.

2 Sämlinge behutsam voneinander lösen, wobei möglichst viel Substrat an den Wurzeln haften bleiben sollte. Die Dornen sind noch weich, Schutzhandschuhe sind also nicht nötig; empfindliche Wurzeln möglichst nicht berühren.

3 Einige 5 oder 6 cm große Töpfe nahezu ganz mit Kakteenpflanzerde füllen; pro Topf eine Pflanze, Erde leicht andrücken. Mit einer dünnen Schicht gewaschenen Splitts abdecken und kennzeichnen. Nach 3–4 Tagen mit einer Fungizidlösung gießen (Konzentration nach Herstellerangaben).

Fremdbestäubung

Viele Kakteen und Sukkulenten können ihre Blüten nicht selbst bestäuben. Um Samen anzusetzen, muß also Pollen von einer anderen Pflanze übertragen werden. Im Freiland erfolgt dies durch Wind oder Tiere, im Zimmer oder Gewächshaus muß es von Hand erfolgen. Bestäuben zweier Exemplare derselben Art erzeugt den Eltern ähnliche Nachkommen.

Vor der Fremdbestäubung ist die Pflanze zu isolieren, z. B. mit Hilfe eines Plastikbeutels, damit sie nicht von anderen Pflanzen bestäubt wird. Samen sollte man stets mit Angaben über die Eltern beschriften, denn es dauert mehrere Jahre, bis eine neue Pflanze blüht.

Um eine neue Hybride zu schaffen, überträgt man Pollen einer anderen Art derselben Gattung. Man entfernt unreife Staubblätter der bestäubten Blüte, damit man sich der Elternschaft sicher ist.

1 Tragen die (männlichen) Staubbeutel reifen Pollen, diesen sanft tupfend mit einem sauberen, feinen Pinsel abnehmen.

2 Den Pollen mit dem Pinsel auf die (weibliche) Narbe einer Blüte einer anderen Pflanze derselben Art übertragen.

Aufzucht aus Stecklingen

Mit Stecklingen lassen sich Kakteen und Sukkulenten, vor allem Hybride, die keine ähnlichen Nachkommen aus Samen hervorbringen, rasch und leicht vermehren. Die meisten Pflanzen lassen sich durch Triebstecklinge oder -abschnitte, manche Sukkulenten auch durch Blattstecklinge vermehren. Die beste Zeit, um Stecklinge zu nehmen, ist der Beginn der Wachstumsphase, meist im Frühjahr. Um Fäulnis oder Erkrankung zu vermeiden, auf Schnittflächen von mehr als 13 cm Durchmesser ein Fungizid wie Grünschwefel auftragen. Die Schnittflächen sollten abheilen, bevor die Stecklinge eingepflanzt werden. Im Sommer braucht es dazu oft nur zwei Tage, im Winter aber u. U. mehrere Monate.

BLATTSTECKLINGE: Blattstecklinge von Sukkulenten wie *Gasteria* und manche *Haworthia* wurzeln leicht nach 3–12 Wochen. Alternativ zum Bewurzeln im Substrat kann man einen nur zu einem Drittel mit Erde gefüllten Topf mit feinem Splitt ganz auffüllen. Die Substratfeuchtigkeit verdunstet und regt das Wurzelwachstum an.

1 Ein junges, gesundes Blatt behutsam von der Elternpflanze trennen bzw. sauber an der Basis abschneiden. Den Blattsteckling (kleines Bild) an einem hellen, trockenen Platz einen Tag liegenlassen, bis sich über der Wunde ein Kallus gebildet hat.

2 Einen kleinen Topf mit Kaktuserde bis 2,5 cm unter dem Rand füllen. Den Steckling leicht einsenken und andrücken. Zum Schluß mit gewaschenem Splitt auffüllen, damit der Steckling nicht umfällt.

3 Den Topf mit Schild bei 18 °C in den Halbschatten stellen. Erde leicht feucht halten. Wenn die Jungpflänzchen erscheinen, teilen und umtopfen.

Knospende Blätter

Blätter von Sukkulenten wie *Crassula*, *Echeveria* und *Kalanchoe* lassen sich, zusammen mit einem Auge an der Basis des Blattstiels, leicht vom Trieb lösen. Dadurch wird das Auge zur Bildung neuer Pflänzchen angeregt. Blätter von *Echeveria*, die einem Blütenstiel entspringen, treiben meist leichter als die der Hauptrosette aus.

Ein gesundes Blatt herauslösen und leicht feucht und schattig aufbewahren. Nach 3–6 Monaten bilden sich Jungpflänzchen (oben). Teilen und einzeln in 5 cm große Töpfe mit Pflanzerde setzen.

Stecklinge

TRIEBSTECKLINGE: Die meisten Sukkulenten lassen sich durch Triebstecklinge vermehren, außer den caudiciformen Arten (siehe S. 10), die zu langsam wurzeln und häufig faulen. Stecklinge schneidet man am Ende der Ruhephase im Frühjahr (oder Herbst bei Winterblühern). Zu lange Stecklinge welken, bevor sie wurzeln. Um den Saftaustritt nach dem Schneiden zu unterbinden, taucht man den Steckling in Wasser ein. Bei Rosettenpflanzen trennt man eine junge Rosette sauber ab und schneidet den Stiel auf weniger als den Rosettendurchmesser zurück. Die eingetopften Stecklinge stellt man bei 18–24 °C an einen luftigen, hellen (nicht sonnigen) Platz. Gelegentlich sprühen.

1 Man nimmt einen gesunden, kräftigen Trieb, ohne die Pflanze zu entstellen. Mit scharfem Messer über einem Auge oder Seitentrieb schneiden. Keine Stümpfe stehenlassen.

2 Den Trieb auf 5–10 cm Länge kürzen. Die unteren Blätter entfernen, damit der Sproß an der Basis unbelaubt ist. Den Steckling dann einige Tage an einem warmen Platz lassen, bis sich an der Schnittstelle ein Kallus gebildet hat.

3 Einen kleinen Topf zu einem Drittel mit Kakteenpflanzerde füllen, mit Splitt abdecken. Den Steckling mittig einsetzen. Mit Splitt auffüllen und andrücken. Nach 2–6 Wochen ist der Steckling bewurzelt.

SPROSSABSCHNITTE: Viele Kakteen, darunter *Epiphyten* (siehe S. 10–11), lassen sich preiswert durch Sproßabschnitte vermehren. Langsam wachsende Arten eignen sich dazu weniger (fäulnisanfällig)!

Die Länge des Abschnitts hängt von der einzelnen Pflanze ab. Stecklinge von hohen Säulenkakteen dürfen 90 cm und mehr messen nur sollte man beachten, daß Stecklinge von rasch wachsenden Pflanzen bald selbst leicht zu groß sind. Gegliederte, polsterartige Sprosse sollte an einem Knoten abgetrennt und nur ein einzelnes Polster als Steckling verwendet werden.

Sproßabschnitte schneidet man am Ende der Ruhephase, meist also im Frühjahr. Nach dem Einsetzen in leicht feuchtem Substrat brauchen sie bei 18–24 °C einen hellen (nicht sonnigen) Platz. Nach 3–12 Wochen, bilden sich an der Basis Wurzeln. Sind im Frühjahr genommene Steckling bis Herbst nicht bewurzelt, brauchen sie bis zum nächsten Frühjahr; dann trocken überwintern.

1 Flachtrieb auf rund 20 cm schneiden; dann sind sie leicht zu handhaben und wurzeln rasch. Säulige Sprosse trennt man so ab, daß ihre Länge in gutem Verhältnis zum Durchmesser steht (kleines Bild). Bis zur Kallusbildung warmhalten. Topf gerade so groß wählen, daß der Steckling nicht umfällt, und zu einem Drittel mit Erde füllen.

2 Erde mit einer dünnen Schicht Splitt abdecken, den Steckling aufrecht einsetzen. Dann bis zum Rand mit Splitt füllen, um Halt zu geben (oben). Die Abschnitte so arrangieren, wie sie natürlich gewachsen wären (rechts). Kennzeichnen, nötigenfalls hochbinden.

TEILUNG

Durch Teilung erhält man auf einfache Weise Pflanzen guter Größe. Bei diesem Verfahren wird eine wuchskräftige Pflanze in mehrere Teile zerlegt, die entweder bereits Wurzeln oder einen Vegetationspunkt haben. Dazu eignen sich besonders Kakteen und Sukkulenten, die leicht Seitensprosse oder knollige Ableger bilden, ebenso manche polsterbildenden Arten. Die beste Zeit zum Teilen dieser Pflanzen ist der Beginn der Wachstumszeit im Frühjahr oder Frühsommer. Manche Arten mit verdickten Wurzeln können im Winter während der Ruhephase vermehrt werden, indem man Teile aus dem Wurzelstock herausschneidet. Vor dem Eintopfen sollten die Schnittflächen einen Kallus bilden können, um sich vor Wurzelfäule und anderen Krankheiten zu schützen.

Alle neu geteilten Pflanzen sind sparsam zu gießen, bis sie gut angewachsen sind und Zuwachs erkennbar ist, sonst könnten die Triebe im feuchten Substrat faulen.

ABLEGER NEHMEN: Sukkulenten wie *Haworthia* und *Gasteria* sowie manche Kakteen wie *Mammillaria* und *Echinopsis* bringen zahlreiche Ableger in dichten Klumpen hervor. Reife Ableger mit eigenen Wurzeln können ohne weiteres abgelöst und eingetopft werden. Danach läßt man sie bei 18 °C an einem hellen Platz – oder je nach Ansprüchen in der Sonne – in Ruhe. Bis Zuwachs erkennbar wird, sparsam gießen.

Bei dichtstehenden Ablegern nimmt man am besten die ganze Pflanze aus dem Topf, damit die Ableger im Wurzelbereich voneinander gelöst werden können. Kleine Ableger läßt man bei den Eltern; mit ihnen verbunden, wachsen sie rascher.

1 Mit der Pflanzkelle vorsichtig einen Ableger von der Basis lösen. Behutsam herausziehen oder mit scharfem Messer abtrennen. Schnittfläche mit Fungizid bestreichen, Kallus bilden lassen.

2 Einen passenden Topf mit Kakteenpflanzerde füllen. Den Ableger bis zur vorigen Tiefe einsenken und leicht andrücken. Mit feinem, gewaschenem Splitt abdecken und kennzeichnen.

WURZELKNOLLEN: Einige Sukkulenten wie *Senecio* und *Ceropegia* haben Wurzelknollen, die direkt unter der Erde um die Mutterpflanze herum Ableger bilden. Sie können sanft herausgelöst oder mit dem Messer abgetrennt und dann eingepflanzt werden. Schnittstellen sollten vor dem Einpflanzen der Ableger zuerst einen Kallus bilden können. Bei neuem Austrieb umtopfen, in wärmeren Gegenden auspflanzen.

1 Abdeckmaterial entfernen, dann mit der Pflanzkelle behutsam im Substrat nach Wurzelknollen graben. Die Wurzelableger nötigenfalls mit einem sauberen, scharfen Messer von der Elternknolle trennen. Beim Herausnehmen die übrigen Pflanzenteile oder junge Wurzeln nicht beschädigen.

2 Den Ableger läßt man an warmem Ort einen Kallus bilden. Bewurzelte Ableger in Kakteenpflanzerde setzen, unbewurzelte in ein Gemisch aus einem Teil Substrat und zwei Teilen feinem Splitt.

3 Erde mit feinem, gewaschenem Splitt abdecken. Kennzeichnen. Topf je nach Pflanze bei 18 °C an hellen oder schattigen Platz stellen. Einige Tage in Ruhe lassen. Bis zum Anwachsen sparsam gießen.

Teilung

WURZELSTOCKTEILUNG: Dieses Verfahren ist für einige gruppenbildende Pflanzen am Beginn der Wachstumsphase geeignet und sorgt dafür, daß panaschierte Formen wie *Sansevieria trifasciata* in der Art nicht zurückschlagen. Verschiedene *Sedum*-Arten und caudiciforme Sukkulenten (siehe S. 10) haben Wurzeln mit mehreren Vegetationspunkten. In der Ruhephase schneidet man den Wurzelstock so in Teile, daß jeder einen Vegetationspunkt hat. Auf die Schnittstellen ein Fungizid auftragen und die Kallusbildung abwarten. Bei strauchigen Pflanzen geschieht dies in wenigen Tagen, bei caudiciformen in einigen Wochen. Eintopfen und an geeigneten Standort setzen.

1 Die Elternpflanze austopfen bzw. ausgraben. Den Wurzelstock mit scharfem Messer in Teile trennen; jeder sollte mindestens einen Vegetationspunkt und einige kräftige Wurzeln haben.

2 Beschädigte Wurzelteile herausschneiden. Auf die Schnittstellen ein Fungizid auftagen und die Kallusbildung abwarten. Danach einzeln in Kakteenpflanzerde eintopfen. Nach einigen Tagen gießen.

Pfropfen

Gepfropft wird meistens bei Kakteen; dabei wird ein Pfropfreis mit einer wuchskräftigeren Unterlage verbunden. Gepfropft sind viele langsam wachsende und anspruchsvollere Arten leichter zu ziehen und zum Blühen zu bringen; sie wachsen so bis zu zehnmal schneller. Je nach Pflanze wählt man die Spalt-, Flache oder Seitenpfropfung. Gepfropft wird am besten zu Beginn der Wachstumsphase im mittleren Frühjahr bis Frühsommer.

SPALTPFROPFUNG: Diese Methode eignet sich für Kakteen wie *Schlumbergera* mit schlanken, blattartigen Trieben und andere Epiphyten sowie einige schlanktriebige Sukkulenten; mit ihr lassen sich gut Hochstämme ziehen.

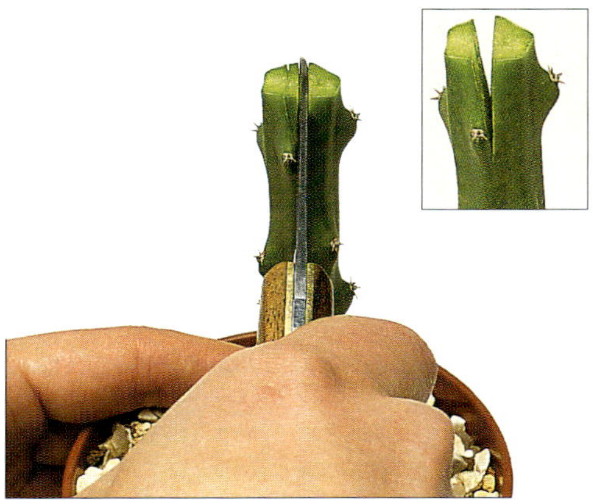

1 Mit scharfem Messer ein 2,5 cm großes Kopfstück einer gesunden Unterlage abtrennen. In die Unterlage 1–2 cm tief einschneiden (kleines Bild), wobei der Schnitt durch den Kern geführt wird.

2 Von der Elternpflanze nimmt man einen gesunden Abschnitt als Pfropfreis, so bei *Schlumbergera* ein bis zwei Glieder. Am Blattknoten sauber abtrennen.

3 Am unteren Ende des Pfröpflings vorsichtig flache Schnitte anbringen, so daß ein Keil entsteht. Nötigenfalls auf den Durchmesser der Unterlage zuschneiden.

4 Das Pfropfreis (kleines Bild) vorsichtig in den Spalt der Unterlage schieben. Beider Leitbündel sollten dabei eng aufeinanderkommen; je enger, desto besser wird die Pfropfung gelingen.

5 Beide Teile mit einem geraden Kakteendorn oder einer sauberen Stecknadel fixieren, anschließend mit Bast zusammenbinden. Dann bei mindestens 10 °C für rund vier Wochen an einen hellen Standort bringen, bis sich Austrieb zeigt.

FLACHE PFROPFUNG: Sie ist leichter als die Spaltpfropfung und wird bei den meisten Kakteenarten verwendet, auch bei kräftig gefärbten Formen ohne Chlorophyll sowie den kristaten Formen.

Man wählt eine gesunde, wuchskräftige Unterlage, deren Durchmesser höchstens ein wenig größer als die des Pfropfreises ist. *Echinopsis*-Arten, vor allem die der früheren Gattung *Trichocereus*, eignen sich dazu besonders gut. Beim Pfropfen müssen Hände und Werkzeuge sauber sein; die Schnittflächen dürfen nicht berührt werden, um die Übertragung von Keimen, Pilzen oder Schädlingen zu vermeiden. Soll die Pfropfung gelingen, müssen sowohl das wasserspeichernde Gewebe als auch die Leitbündel von Pfröpfling und Unterlage fest miteinander verbunden sein; bei unterschiedlichem Durchmesser kann es also sein, daß der Pfröpfling asymmetrisch auf die Unterlage gesetzt werden muß.

Um gut zusammenzuwachsen, müssen Reis und Unterlage etwa zwei Wochen lang mit sanftem, gleichmäßigem Druck zusammengefügt bleiben; das läßt sich bei kleineren Topfpflanzen leicht mit zwei breiten Gummiringen bewerkstelligen. Bei höheren Pflanzen oder Kakteen im Beet nimmt man zwei Schnüre mit Gewichten an den Enden und führt sie über Kreuz über den Pfröpfling. Bei bedornten Exemplaren benutzt man alte Nylonstrümpfe, die über Kreuz hinunter auf die seitlichen Dornen der Unterlage gespannt werden können.

1 Mit sauberem, scharfem Messer die Unterlage rund 2,5 cm unter dem Wachstumspunkt waagerecht abschneiden. Die Leitbündel sollten gut zu sehen sein. Wenn nicht, Schnitt etwas darunter wiederholen.

2 Die Ränder etwas hinunterschneiden. Dadurch wird verhindert, daß die derbe Haut den Pfröpfling von der Unterlage hebt, wenn das fleischige Gewebe der Unterlage schrumpft.

3 Den Pfröpfling an der Basis abschneiden und entlang der Schnittstelle etwa 6 mm abkanten (kleines Bild). Schnittflächen von Unterlage und Pfröpfling so zusammenfügen, daß sich die Leitbündel berühren.

4 Pfröpfling mit leichtem Druck drehen, damit keine Luft eingeschlossen wird. Reis und Unterlage mit Gummiringen zusammenhalten. Bei mindestens 10 °C an hellen (nicht direkt besonnten), gut belüfteten Standort setzen.

5 Es ist gelungen, wenn Pfröpfling und Unterlage nach zwei Wochen zusammengewachsen sind. Dann wie üblich düngen, gießen. Zeigt sich nach etwa vier Wochen Austrieb, Gummiringe entfernen.

SEITENPFROPFUNG

Eine ideale Methode zur Pfropfung schlanktriebiger Pflanzen wie *Echinopsis chamacereus* mit oft dünnem Leitbündelbahnen. Pfropf und Unterlage eher schräg anschneiden, um den Querschnitt der Leitbündelbahnen und damit die Chancen für das Zusammenwachsen zu vergrößern. Die Schnittflächen zusammendrücken, damit sich beider Gewebe decken, und mit sauberen Stecknadeln oder Dornen fixieren. Mit Bast, Nylonstrumpf-Streifen oder Gummiringen die Pfropfung zusammenhalten und nötigenfalls anbinden. Das Weitere wie bei der flachen Pfropfung.

SCHÄDLINGE UND KRANKHEITEN

SCHAFFT MAN FÜR KAKTEEN und Sukkulenten die Bedingungen, die sie für ihr Wachstum brauchen, bleiben sie gesund und wuchskräftig; sie sind nämlich nicht anfälliger für Kulturprobleme, Schädlingsbefall oder Krankheiten als andere Pflanzen. Man sollte sie hin und wieder untersuchen, vielleicht beim Gießen, um erste Anzeichen rechtzeitig zu erkennen. So kann man gegen Symptome und Schädlinge vorgehen, bevor sie sich ausprägen und festsetzen und die Pflanze wirklich gefährden. Neuerwerbungen sollte man rund zwei Wochen isolieren, bevor man sie zu den anderen Pflanzen gesellt. Dadurch können sich Krankheiten und Schädlinge zeigen, bevor sie sich ausbreiten können. Beim Einsatz von Schädlingsbekämpfungs- und anderen Mitteln sollte genau nach den Herstellerangaben verfahren werden.

SCHÄDLINGE

Schädlingen kommt man durch Pestizide oder im Gewächshaus durch natürliche Feinde bei. Systemische Insektizide werden vom Pflanzengewebe aufgenommen, so daß Insekten, die sich von dieser Pflanze ernähren, vergiftet werden; systemische Mittel sind wirksamer als z. B. Sprühgifte und können vorbeugend 2–3 Mal in der Wachstumsphase eingesetzt werden. Bei wachsartiger Oberfläche die Wurzelballen mit einer Lösung tränken, bei starkem Befall einen Monat lang wöchentlich.

Auch durch Nager und Raupen, die sich über die fleischigen Pflanzenteile hermachen, oder durch Vögel, die die Beeren fressen und die wollige Behaarung für den Nestbau brauchen, sind die Pflanzen gefährdet. An Wurzeln zeigen sich mitunter Fraßschäden durch die Wurzel-Wollaus – pulverige, helle Ablagerungen. Den Ballen in ein Bad mit einem seifigen Insektizid stellen und anschließend abtropfen lassen. Trauermückenlarven, die wie Würmchen aussehen und winzige Nematoden (Älchen), die Wurzelgallen hinterlassen, greifen die Basis der Pflanze an. Ihre Ausbreitung wird durch Verbrennen von Pflanze, Substrat und Topf verhindert; die Trauermücke bekämpft man durch ein handelsübliches Teerpräparat.

DICKMAULRÜSSLER
Diese gegen die meisten Chemikalien resistenten Käfer werden zunehmend problematisch; sie fressen an Blättern, ihre weißen Larven nagen an Wurzeln und graben sich in die Triebe, so daß die Pflanze irgendwann abstirbt. Beim Umtopfen achte man auf Gänge im Substrat.

SCHMIER- ODER WOLLÄUSE
Befallene Pflanzen sind von einer wolligen, weißen Substanz und oft einem klebrigen Sekret bedeckt. Die Insekten sehen wie helle Asseln aus. Mit einem systemischen Mittel oder seifigen Kontaktinsektizid behandeln; oder – bei über 21 °C – Marienkäfer einsetzen.

SPINNMILBEN
Braune Narben weisen auf Spinnmilben hin. Die winzigen gelben, roten oder braunen Milben gedeihen im trockenen Gewächshaus. Gegenmaßnahmen: Feuchtigkeit erhöhen oder bei mehr als 21°C als natürlichen Feind die Milbe *Phytoseiulus persimilis* einsetzen.

SCHILDLÄUSE
Den braunen Insekten kommt man mit systemischen Insektiziden bei. Sie treten an Gewächshaus- oder Zimmerpflanzen zuerst an den Trieben und unteren Blättern auf. Sie hemmen das Pflanzenwachstum, ihr klebriges Sekret fördert Rußtaubildung.

WEISSE FLIEGE
Die weißen, geflügelten Insekten sondern Honigtau ab, auf dem sich Rußtau bildet, vor allem auf zarten Blättern wie von *Euphorbia*. Man sprüht mit einem Insektizid oder setzt im Gewächshaus die Wespe *Encarsia formosa* ein. Sie frißt die Fliege.

SCHNECKEN
Sie fressen Blätter und fleischiges Gewebe, so daß sich unansehnliche Fraßstellen zeigen. Da sie feuchte Orte mögen, befallen sie meist *Epiphyten*. Um die Schädlinge loszuwerden, Schneckenkorn ausstreuen oder ein Präparat auf Aluminiumsulfat-Basis ausbringen.

Krankheiten

Es sind vor allem Pilzkrankheiten, die Kakteen und Sukkulenten befallen. Pilzsporen sind weitverbreitet und mögen feuchte Bedingungen, vor allem an schattigen Plätzen mit ähnlichen Tages- und Nachttemperaturen. Manche Pilze arbeiten sich durch die Pflanzenhaut. Die meisten Probleme treten im späten Frühjahr und Herbst auf, wenn der Tau kalter Nächte am nächsten Tag nicht verdunsten kann.

Von den unten dargestellten Krankheiten abgesehen kann zu viel Feuchtigkeit zu Wurzel- oder Stengelfäule (zu behandeln wie Wurzelhalsfäule) oder bei Sämlingen zur Umfallkrankheit führen. Dies läßt sich verhindern, wenn man die Samen dünn aussät und das Substrat mit einer Kupfersulfatlösung nebelt, die auch gegen Mehltau eingesetzt werden kann, wenn es trocken ist.

BLATTFLECKENKRANKHEIT
Die Flecken können verschmelzen und zum Blattfall führen. Wo Wassertropfen zurückbleiben, bilden sich Sporenansammlungen und anschließend Narben. Befallene Blätter verbrennen, Pflanze mit Kupfersulfat behandeln, im Gewächshaus für mehr Belüftung sorgen.

RUSSTAU
Der Rußtau wird durch einen im Boden lebenden Pilz verursacht und befällt Pflanzen (Sämlinge), die beschädigt oder geschwächt sind. Befallene Sämlinge und Substrat verbrennen. Systemisches Fungizid anwenden und gegen eventuelle Schädlinge vorgehen.

PULVERSCHORF
Braune, rindenähnliche Flecken, meist nahe der Sproßbasis, sind die Folge früherer Erkrankungen oder schlechter Pflege. Man sollte die Flecken nicht mit natürlicher Korkbildung an sehr alten Pflanzen verwechseln. Bei besserer Pflege verschwinden sie wieder.

WURZELHALSFÄULE
Pflanzen, die zu kalt oder feucht stehen und kaum Wurzeln haben, neigen zur Fäule. Der Pilz arbeitet sich durch die Haut ins Gewebe vor und zersetzt es, bis es schwarz ist. Gesunde Triebe ausschneiden (für Stecklinge), den Rest verbrennen. Im Beet Kupfersulfat ausbringen.

Kulturschäden

Schädlinge und Krankheiten treten zwar auf, doch nehmen Kakteen und Sukkulenten viel eher Schaden durch falsches Düngen oder Gießen oder einen ungeeigneten Standort, etwa falsche Licht-, Temperatur-, Boden- oder Feuchtigkeitsverhältnisse. Eine solche Pflanze kann häßliche mißgebildete Blätter oder Triebe entwickeln. Gesundes Wachstum kann ausbleiben, so daß schließlich Insekten- oder Krankheitsbefall auftritt und die Pflanze abstirbt.

Wenn eine Pflanze nicht blüht, obwohl sie die dazu nötige Größe erreicht hat, ist genau zu prüfen, ob der Standort ihren Ansprüchen genügt und alle grundlegenden Anforderungen erfüllt sind (siehe S. 150–151).

VERSENGTE STELLEN
Heiße, stickige Gewächshäuser, Wind oder plötzliche Sonneneinstrahlung bei taufeuchten Pflanzen kann zu eingesunkenen braunen Stellen führen. Bringt man Pflanzen an einen weniger geschützten Platz, vorher abhärten oder mit feinmaschigem Gittergewebe schützen.

KÄLTESCHÄDEN
Stehen Pflanzen längere Zeit zu kalt, nehmen sie Schaden an den Triebspitzen und bilden Narben, werden von Fäulnis befallen oder fallen sogar um. Man sollte die Temperatur erhöhen, damit beschädigtes Gewebe austrocknen kann, oder schneidet es aus.

VERGEILEN
Zu wenig Licht, besonders bei Wärme, und falsches Düngen läßt Pflanzen blaß werden, vergeilen und verwachsene Blätter ausbilden. Bei genügend Licht setzt wieder gesundes Wachstum ein. Betroffene Triebe bis ins gesunde Gewebe zurückschneiden.

TROCKENHEIT
Bei Wassermangel werfen Blattsukkulenten ihr Laub ab, schließlich auch die von den Spitzen her absterbenden Triebe – Gießen! Kakteen treten bei Trockenheit in eine Ruhephase und erwachen durch Gießen rasch zu neuem Leben.

PFLANZENEMPFEHLUNGEN

PFLANZEN FÜR ANFÄNGER

Diese Arten vertragen auch etwas Vernachlässigung und sind bereits jung sehr blühwillig.

Adromischus, die meisten Arten, darunter
A. cooperi
A. festivus
A. maculatus
Aeonium, die meisten Arten, darunter
A. arboreum
A. haworthii
A. tabuliforme
Agave, die meisten Arten, darunter
A. americana
A. attenuata
Aloe aristata
A. arborescens
A. brevifolia
A. ferox
A. microstigma
A. variegata
Aporocactus, die meisten Arten und Formen, darunter
A. f. flagelliformis
Astrophytum ornatum
Cephalophyllum, die meisten Arten und Hybriden, darunter
C. alstonii
C. subulatoides
Cereus aethiops
C. hildmannianus
C. hildmannianus v. monstrose
C. jamacaru
Ceropegia woodii
Cheiridopsis, die meisten Arten, darunter
C. candidissima
C. pillansii
C. purpurata
Cleistocactus hildegardiae
C. strausii
C. winteri
Cotyledon ladismithensis
C. undulata
Crassula falcata
C. ovata
C. tetragona
Delosperma, die meisten Arten, darunter
D. minimum
D. sutherlandii
D. tradescantioides
Echeveria, die meisten Arten, darunter
E. agavoides
E. derenbergii
E. elegans
E. harmsii
Echinocactus grusonii
Echinocereus cinerascens
E. engelmannii
E. scheeri
E. stramineus
Echinopsis aurea
E. backebergii
E. chamaecereus, seine Formen und Hybriden, darunter
E. c. ›Fire Chief‹
E. c. ›Jubilee‹
E. densispina
E. ›Forty-niner‹
E. huascha
E. oxygona
Epiphyllum, die meisten Hybriden, darunter
E. ›Carole‹
E. ›Fortuna‹
E. ›Hermossissimus‹
E. ›Jennifer Ann‹
Euphorbia mammillaris
E. milii
Faucaria, alle Arten
Ferocactus, die meisten Arten, darunter
F. cylindraceus
F. latispinus
F. wislizeni
Frithia pulchra
Gasteria, die meisten Arten, darunter
G. armstrongii
G. liliputana
G. obtusa
G. verrucosa
Gibbaeum petrense
Glottiphyllum, die meisten Arten, darunter
G. depressum
G. oligocarpum
Gymnocalycium, die meisten Arten, darunter
G. andreae
G. baldianum
G. gibbosum
G. horstii
G. quehlianum
Haworthia, die häufigsten Arten, darunter
H. attenuata
H. cymbiformis
H. obtusa
H. reinwardtii
Kalanchoe, die meisten Arten, darunter
K. beharensis
K. blossfeldiana
K. daigremontiana
K. pumila
K. tomentosa
Lampranthus, die meisten Arten, darunter
L. citrinus
L. haworthii
L. spectabilis
Mammillaria, die meisten Arten, darunter
M. albilanata
M. elongata
M. zeilmanniana
Neoporteria curvispina
N. subgibbosa
Opuntia ficus-indica
O. lindheimeri
O. neoargentina
Pachyphytum, alle Arten und Hybriden
Parodia concinna
P. crassigibba
P. herteri
P. horstii
P. leninghausii
P. magnifica
P. mammulosa
P. ottonis
P. scopa
Pereskia aculeata
Pleiospilos, die meisten Arten, darunter
P. bolusii
P. nelii
P. simulans
Rebutia, die meisten Arten, darunter
R. miniscula
R. muscula
R. senilis
Ruschia, die meisten Arten, darunter
R. crassa
R. dualis
R. macowanii
R. mucronata
Schlumbergera, die meisten Hybriden, darunter
S. ›Gold Charm‹
S. ›Lilac Beauty‹
S. ›Marie‹
S. ›Sonja‹
S. ›White Christmas‹
Sedum, die meisten winterharten Arten,
S. morganianum
S. nussbaumeranum
Sempervivum, die meisten Arten und Hybriden, darunter
S. arachnoideum
S. ›Bellot's Pourpre‹
S. montanum
S. tectorum
Senecio aizoides
S. articulatus
S. fulgens
S. haworthii
S. rowleyanus
S. stapeliiformis
Stenocactus, die meisten Arten, darunter
S. multicostatus
S. phyllacanthus
Thelocactus bicolor
T. setispinus
Trichodiadema, die meisten Arten, darunter
T. densum
T. mirabile
Weberbauerocereus johnsonii

PFLANZEN FÜR DEN ENTHUSIASTEN

Anspruchsvoll in der Pflege und nur bei idealen Bedingungen leicht zu ziehen. Eine Herausforderung!

Adenia, alle Arten
Adenium, alle Arten
Alluaudia, alle Arten
Ariocarpus, alle Arten
Arrojadoa, alle Arten
Astrophytum asterias
Brachystelma, die meisten Arten, darunter
B. barberae
B. modestum
Caralluma, die meisten Arten, darunter
C. burchardii
C. lutea
C. mammillaris
C. retrospiciens
Ceropegia, die meisten Arten, darunter
C. elegans
C. juncea
C. multiflora
C. rendallii
C. sandersonii
Copiapoa cinerea
Cotyledon buchholziana
Cyphostemma, alle Arten
Discocactus, alle Arten
Epithelantha, alle Arten
Escobaria, die meisten Arten, darunter
E. aguirreana
E. dasyacantha
E. lloydii
E. minima
E. missouriensis
E. roseana
Euphorbia, die meisten Arten, darunter
E. decaryi
E. lactea
E. muirii
E. obesa
Fouquieria, alle Arten
Hoodia, alle Arten
Huernia macrocarpa
Jatropha berlandieri
Leuchtenbergia principis
Mammillaria guelzowiana
M. saboae
M. theresae
M. wrightii
Melocactus, die meisten Arten, darunter
M. bahiensis
M. glaucescens
M. matanzanus
M. oreas
M. salvadorensis
M. zehntneri
Monadenium, die meisten Arten
Neolloydia, alle Arten
Pachypodium, die meisten Arten, darunter
P. bispinosum
P. densiflorum
P. lamerei
P. namaquanum
P. rosulatum
P. succulentum
Parodia graessneri
P. haselbergii
Pelecyphora, alle Arten
Sarcocaulon, alle Arten
Sclerocactus, alle Arten
Stapelia, die meisten Arten, darunter
S. erectiflora
S. flavirostis
S. grandiflora
S. revoluta
S. variegata
Testudinaria elephantipes
T. macrostachya
Trichocaulon, alle Arten
Turbinicarpus, alle Arten
Uebelmannia, alle Arten

AUFFALLENDE PFLANZEN

Außergewöhnliche Formen: im Beet ebenso ein Blickfang wie im Gefäß.

Aeonium arboreum
A. a. ›Atropurpureum‹
A. haworthii
Agave americana, ihre Varietäten und Formen

A. parryi
A. stricta
A. victoria-reginae
Aloe arborescens
A. dichotoma
A. ferox
A. plicatilis
A. ramosissima
Cephalocereus, alle Arten
Cereus, alle Arten
Cleistocactus, alle Arten
Cotyledon undulata
Crassula arborescens
C. falcata
C. ovata
C. tetragona
Cyphostemma bainesii
C. juttae
Dudleya, alle Arten
Echeveria, viele Arten und Hybriden, darunter
E. coccinea
E. gibbiflora
E. ›Painted Lady‹
E. pulvinata
E. secunda
Echinocactus grusonii
Echinocereus cinerascens
E. pentalophus
Echinopsis bridgesii
E. bruchii
E. calochlora
E. deserticola
E. huascha
E. scopulicola
E. thelogona
Espostoa, alle Arten
Euphorbia candelabrum
E. cooperi
E. evansii
E. horrida
E. milii
Ferocactus cylindraceus
F. histrix
F. wislizeni
Fouquieria, alle Arten
Jatropha cordata
Kalanchoe beharensis
Lampranthus, alle Arten
Opuntia basilaris
O. lindheimeri
O. monacantha
O. neoargentina
O. pilifera
O. scheeri
O. tunicacta
Oreocereus, alle Arten
Pachycereus, alle Arten
Pachypodium geayi
P. lamerei
Parodia leninghausii
P. magnifica
Pedilanthus tithymaloides
Pereskia, alle Arten
Pilosocereus, alle Arten
Plumeria, alle Arten und Hybriden
Sedum frutescens
S. spectabile
Senecio haworthii

BODENDECKER

Sie bilden flache Matten oder strauchige Polster, auch zwischen größeren Pflanzen – sowohl draußen als auch im Gewächshaus.

Carpobrotus, alle Arten
Cephalophyllum, alle Arten
Coleus, die meisten sukkulenten Arten, darunter
C. arabicus
C. coerulescens
C. spicatus
Crassula, die meisten Arten, darunter
C. falcata
C. lactea
C. marginalis
C. multicava
Cyanotis somaliensis
Cylindrophyllum, die meisten Arten, darunter
C. comptonii
C. tugwelliae
Delosperma, alle Arten
Drosanthemum, alle Arten
Kalanchoe tubiflora
Lampranthus, die meisten Arten, darunter
L. aurantiacus
L. haworthii
L. pleniflorus
L. recurvus
L. spectabilis
Senecio citriformis
S. jacobsenii
S. kleiniiformis
S. rowleyanus

KLETTER- UND HÄNGE-PFLANZEN FÜR SCHATTIGE PLÄTZE

Für schattige Standorte und zum Bedecken von Mauern.

Aporocactus flagelliformis
A. martianus
Aporophyllum, alle Hybriden
Ceropegia, die meisten Arten, darunter
C. ballyana
C. elegans
C. nilotica
C. rendallii
C. sandersonii
C. woodii
Cynanchum, die meisten Arten, darunter
C. aphyllum
C. marnieranum
C. perrieri
Discocactus, alle Arten
Epiphyllum, die meisten Arten und einige Hybriden, darunter
E. anguliger
E. ›Communion‹
E. crenatum
E. ›Fortuna‹
E. laui
E. oxypetalum
E. ›Professor Ebert‹
E. ›Reward‹
E. ›Space Rocket‹
Harrisia, die meisten Arten, darunter
H. adscendens
H. gracilis
H. hahniana
H. martinii
H. pomanensis
H. tortuosa
Heliocereus, die meisten Arten, darunter
H. aurantiacus
H. cinnabarinus
H. schrankii
H. speciosus
Hylocereus, alle Arten
Lepismium, alle Arten
Rhipsalis, die meisten Arten, darunter
R. baccifera
R. cereuscula
R. hadrosoma
R. micrantha
R. oblonga
R. teres
Sarcostemma, die meisten Arten, darunter
S. aphyllum
S. australe
S. vanlessenii
S. viminale
Schlumbergera, die meisten Arten und Hybriden, darunter
S. ›Christmas Charm‹
S. ›Cold Charm‹
S. ›Joanne‹
S. ›Lilac Beauty‹
S. russelliana
S. truncata
Selenicereus, alle Arten
Senecio rowleyanus

PFLANZEN FÜR DAS GEWÄCHSHAUS

Viele Arten, auch große und sehr langsam wachsende, eignen sich für Töpfe und kleine Beete.

Kleine Gewächshäuser

Adromischus, alle Arten
Aeonium, alle Arten
Agave parviflora
A. victona-reginae
Aloe aristata
A. variegata
Aporocactus, alle Arten und Hybriden
Ariocarpus, alle Arten
Astrophytum, alle Arten
Caralluma, alle Arten
Cephalocereus senilis
Cereus hildmannianus
C. hildmannianus v. *monstroses*
Ceropegia, die meisten Arten, darunter
C. dichotoma
C. woodii
Cleistocactus strausii
C. winteri
Conophytum, alle Arten
Copiapoa, alle Arten
Coryphantha, alle Arten
Cotyledon ladismithensis
C. undulata
Crassula, die meisten Arten, darunter
C. deceptor
C. ovata
C. tetragona
Cyphostemma bainesii
C. juttae
Dudleya, alle Arten
Echeveria, alle Arten und Hybriden
Echinocactus grusonii
Echinocereus, alle Arten
Echinopsis backebergii
E. chamaecereus und seine Hybriden
E. oxygona
Epiphyllum, die meisten Hybriden, darunter
E. ›Fortuna‹
E. ›Hollywood‹
E. ›Jennifer Ann‹
Espostoa, alle Arten
Euphorbia decaryi
E. horrida
E. mammillaris
E. obesa
Faucaria tuberculosa
Ferocactus, die meisten Arten, darunter
F. cylindraceus
F. hamatacanthus
F. latispinus
Frithia pulchra
Gasteria, die meisten Arten, darunter
G. batesiana
G. liliputana
G. obtusa
G. verrucosa
Gibbaeum, alle Arten
Graptopetalum, alle Arten und Hybriden
Gymnocalycium, alle Arten
Haworthia, alle Arten
Huernia, alle Arten
Jatropha berlandieri
J. podagrica
Kalanchoe, die meisten Arten, darunter
K. blossfeldiana
K. pumila
K. tomentosa
Leuchtenbergia principis
Lithops, alle Arten
Mammillaria, alle Arten
Matucana, alle Arten
Neoporteria, alle Arten
Oreocereus, alle Arten
Pachyphytum, alle Arten und Hybriden
Parodia, alle Arten
Rebutia, alle Arten
Schlumbergera, alle Arten und Hybriden
Sedum frutescens
S. furfuraceum
S. morganianum
Senecio haworthii
S. rowleyanus
S. stapeliiformis
Stapelia, alle Arten
Stenocactus, alle Arten
Testudinaria elephantipes
Thelocactus, alle Arten
Weberbauerocereus johnsonii

Große Gewächshäuser

Agave americana ›Variegata‹
A. stricta
Aloe dichotoma
A. ferox
A. kedongensis
A. plicatilis
Carnegiea gigantea
Cephalocereus senilis
Cereus aethiops
C. hildmannianus
C. hildmannianus v. *monstrose*
C. validus
Cleistocactus strausii
Crassula arborescens
C. ovata
Cyphostemma bainesii
C. juttae
Echinocactus grusonii
Echinopsis bruchii
E. calochlora
E. deserticola
E. scopulicola
Espostoa lanata
E. melanostele
Euphorbia milii
Ferocactus cylindraceus
F. wislizeni
Jatropha cordata
Kalanchoe beharensis
Lampranthus aurantiacus
L. haworthii
L. spectabilis
Opuntia neoargentina
O. tunicata
Oreocereus celsianus

O. trollii
Pachycereus schottii
P. schottii v. *monstrose*
Pachypodium lamerei
Pedilanthus tithymaloides
Pereskia aculeata
Pilosocereus leucocephalus f. *palmeri*
Selenicereus grandiflorus
S. spinulosus
Testudinaria elephantipes
T. macrostachya
Weberbauerocereus johnsonii

ZIMMERPFLANZEN

Viele kleinere Pflanzen, meist sehr blühwillig, sind für Wohnräume geeignet.

Adenium obesum
Aeonium tabuliforme
Agave parviflora
A. victoria-reginae
Aloe aristata
A. bakeri
A. variegata
Astrophytum, alle Arten
Cephalocereus senilis
Cereus hildmannianus v. *monstrose*
Ceropegia woodii
Cleistocactus strausii
Conophytum, alle Arten
Copiapoa hypogaea
Cotyledon undulata
Crassula ›Morgan's Beauty‹
C. ovata
C. schmidtii
C. tetragona
Echeveria, die meisten Arten und Hybriden, darunter
E. affinis
E. agavoides
E. fimbriata
E. ›Painted Lady‹
E. shaviana
Echinocactus grusonii
Echinocereus rigidissimus v. *rubrispinus*
E. subinermis
Echinopsis backebergii
E. chamaecereus
E. chamaecereus f. *lutea*
E. densispina
E. ›Forty-niner‹
E. oxygona
Espostoa, alle Arten
Euphorbia mammillaris
E. milii
E. obesa
Faucaria tuberculosa
Ferocactus cylindraceus
Frithia pulchra
Gasteria obtusa
Gibbaeum album
Graptopetalum bellum
Gymnocalycium baldianum
G. bruchii
G. mihanovichii ›Red Top‹
G. quehlianum
Haworthia, die meisten Arten, darunter
H. angustifolia
H. arachnoidea
H. attenuata
H. cooperi
H. venosa
Kalanchoe tomentosa
K. tubiflora
Lithops, alle Arten
Mammillaria, die meisten Arten, darunter
M. bocasana
M. candida
M. hahniana
M. prolifera
M. rhodantha
M. schiedeana
Melocactus matanzanus
Neoporteria, die meisten Arten, darunter
N. clavata
N. curvispina
N. napina
N. subgibbosa
N. villosa
Oreocereus, alle Arten
Pachyphytum oviferum
Pachypodium lamerei
Parodia, alle Arten
Rebutia, alle Arten
Sansevieria, die meisten Arten, darunter
S. caulescens
S. cylindrica
S. grandis
S. intermedia
S. parva
S. trifasciata und Formen
Schlumbergera, die meisten Arten und Hybriden, darunter
S. abendrothii
S. bicolor
S. delicatus
S. ›Ilona‹
S. ›Norris‹
S. russelliana
S. truncata
S. ›Westland‹
Sedum furfuraceum
S. daigremontianum
S. morganianum
S. nussbaumeranum
Sempervivum ›Oddity‹
Senecio haworthii
S. rowleyanus
S. stapeliiformis
Stapelia flavirostis
S. grandiflora
S. variegata
Stenocactus, alle Arten
Thelocactus, alle Arten

BLÜHWILLIGE PFLANZEN

Aus Samen oder Stecklingen gezogen, blühen die meisten von ihnen bereits mit weniger als fünf Jahren.

Aloe aristata
A. variegata
Aporocactus, alle Arten und Hybriden
Astrophytum capricorne
A. ornatum
Bergeranthus, die meisten Arten
Bowiea, alle Arten
Carruanthus, alle Arten
Cephalophyllum, die meisten Arten, darunter
C. alstonii
C. regale
C. subulatoides
Cleistocactus strausii
C. winteri
Coleus, die meisten sukkulenten Arten, darunter
C. coerulescens
C. spicatus
Conophytum, die meisten Arten, darunter
C. bilobum
C. cupreatum
C. ectypum
C. minutum
C. taylorianum
C. wettsteinii
Crassula, die meisten Arten, darunter
C. falcata
C. lactea
C. marginalis
C. multicava
C. nealeana
C. perfoliata
Cyanotis somaliensis
Delosperma, die meisten Arten, darunter
D. ashtonii
D. lydenburgense
Drosanthemum, die meisten Arten, darunter
D. bicolor
D. hallii
D. speciosum
D. tuberculiferum
Dudleya, die meisten Arten und Hybriden, darunter
D. brittonii
D. pulverulenta
Echeveria, die meisten Arten und Hybriden, darunter
E. derenbergii
E. harmsii
E. nodulosa
E. pulvinata
E. setosa
E. spectabilis
Echinocereus chloranthus
E. knippelianus
E. scheeri
Echinopsis backebergii
E. chamaecereus
E. densispina
E. oxygona
Epiphyllum, die meisten Hybriden, darunter
E. ›Baby‹
E. ›Best of All‹
E. ›Fantasy‹
E. ›King Midas‹
E. ›Thunder Cloud‹
Euphorbia milii
Faucaria, alle Arten
Frithia pulchra
Gasteria, die meisten Arten, darunter
G. batesiana
G. liliputana
G. obtusa
G. verrucosa
Glottiphyllum, alle Arten
Graptopetalum, die meisten Arten und Hybriden
Gymnocalycium, die meisten Arten, darunter
G. baldianum
G. bruchii
G. mihanovichii
G. quehlianum
Haworthia, die meisten Arten, darunter
H. attenuata
H. cuspidata
H. glabrata
H. reinwardtii
H. tessellata
Jatropha podagrica
Kalanchoe, die meisten Arten und Hybriden, darunter
K. citrina
K. figueiredoi
K. ›Flaming Katy‹
K. grandiflora
K. manginii
K. pumila
K. ›Tessa‹
Lampranthus, die meisten Arten, darunter
L. amoenus
L. curvifolius
L. haworthii
L. magnificus
L. roseus
L. spectabilis
Lewisia, die meisten Arten und Hybriden, darunter
L. cotyledon
L. rediviva
Lithops, die meisten Arten darunter
L. aucampiae
L. karasmontana
L. lesliei
L. salicola
Mammillaria, die meisten Arten, darunter
M. elongata
M. magnimamma
M. matudae
M. spinosissima
Opuntia neoargentina
Pachyphytum, die meisten Arten und Hybriden, darunter
P. hookeri
P. oviferum
Parodia, die meisten Arten, darunter
P. crassigibba
P. herteri
P. ottonis
Pleiospilos, die meisten Arten, darunter
P. bolusii
P. nelii
P. simulans
Rebutia, die meisten Arten, darunter
R. aureiflora
R. marsoneri
R. minuscula
Rhipsalis, viele Arten, darunter
R. cereuscula
R. crispata
R. pilocarpa
R. teres
Schlumbergera, die meisten Hybriden, darunter
S. ›Bristol Princess‹
S. ›Lilofee‹
S. ›Marie‹
S. ›Sonja‹
Sedum, die meisten Arten, darunter
S. adolphii
S. kamtschaticum
S. morganianum
S. spectabile
Sempervivum, die meisten Arten und Hybriden, darunter
S. arachnoideum
S. montanum
S. tectorum
Stapelia, die meisten Arten, darunter
S. flavirostis
S. variegata
Stenocactus, die meisten Arten, darunter
S. multicostatus
S. phyllacanthus
S. vaupelianus
Thelocactus bicolor
T. setispinus
Titanopsis
T. calcarea
T. schwantesii
Trichodiadema, die meisten Arten, darunter

T. *densum*
T. *mirabile*

WINTERBLÜHENDE PFLANZEN

Wenn viele Pflanzen ruhen, bereichern diese den Winter mit farbigen Blüten.

Aloe, die meisten Arten, darunter
A. *arborescens*
A. *bakeri*
A. *comosa*
A. *jacksonii*
A. *krapohliana*
A. *longistyla*
A. *microstigma*
A. *plicatilis*
A. *tenuior*
A. *thraskii*
A. *variegata*
A. *wickensii*
Ceropegia woodii
Cotyledon ladismithensis
Crassula ›Blue Haze‹
C. ›Morgan's Beauty‹
C. *ovata*
C. *schmidtii*
C. *streyi*
C. *tetragona*
Echeveria, viele Hybriden und Arten, darunter
E. *coccinea*
E. *gibbiflora*
E. *grandifolia*
E. *montana*
E. *pulvinata*
E. ›Pulvicox‹
E. *tenuis*
E. ›Zahnii‹
Kalanchoe blossfeldiana
K. *tubiflora*
Rhipsalis, viele Arten, darunter
R. *cereuscula*
R. *crispata*
R. *paradoxa*
Schlumbergera, die meisten Arten und Hybriden, darunter
S. ›Joanne‹
S. ›Lilac Beauty‹
S. *obtusangula*
S. *opuntioides*
S. *orrssichiana*
S. *truncata*

PFLANZEN FÜR VERSCHIEDENE KLIMATE

Warme Klimate

Um zu blühen, brauchen diese Pflanzen ganzjährig mindesens 16 °C.

Adenium obesum
Brachystelma barberae
Caralluma, die meisten Arten, darunter
C. *burchardii*
C. *dodsoniana*
C. *dummeri*
C. *hesperidum*
C. *joannis*
C. *longipes*
C. *lutea*
C. *mammillaris*
C. *pillansii*
C. *speciosa*
C. *turneri*
Ceropegia, die meisten Arten, darunter
C. *aristolochioides*
C. *devecchii*
C. *dimorpha*
C. *distincta*
C. *lingaris*
Cyphostemma, die meisten Arten, darunter
C. *bainesii*
C. *juttae*
C. *seitziana*
C. *uter*
Didierea, alle Arten
Discocactus, alle Arten
Echinocactus grusonii
Echinopsis chamaecereus f. *lutea*
Epiphyllum, die meisten Arten, darunter
E. *anguliger*
E. *cartagense*
E. *crenatum*
E. *grandilobum*
E. *oxypetalum*
E. *thomasianum*
Euphorbia, viele sukkulente Arten, darunter
E. *aeruginosa*
E. *cooperi*
E. *cylindrifolia*
E. *decaryi*
E. *grandicornis*
E. *lophogona*
E. *milii*
E. *poissonii*
E. *sipolisii*
E. *susannae*
E. *tuberosa*
Fouquieria, alle Arten
Gymnocalycium mihanovichii ›Red Top‹
Hoodia gordonii
Hoya, die meisten Arten, darunter
H. *coronaria*
H. *cinnamomifolia*
H. *imperialis*
H. *multiflora*
Jatropha, die meisten sukkulenten Arten, darunter
J. *cordata*
J. *gossypifolia*
J. *multifida*
J. *podagrica*
J. *tuberosa*
Melocactus, alle Arten
Monadenium, alle Arten
Pachypodium, die meisten Arten, darunter
P. *brevicaule*
P. *densiflorum*
P. *lamerei*
P. *namaquanum*
P. *rosulatum*
P. *rutenbergianum*
Pedilanthus tithymaloides
Pilosocereus, die meisten Arten, darunter
P. *floccosus*
P. *fulvilanatus*
P. *glaucochrous*
P. *leucocephalus*
P. *magnificus*
P. *royenii*
Plumeria, alle Arten und Hybriden
Rhipsalis, die meisten Arten, darunter
R. *cereoides*
R. *crispata*
R. *elliptica*
R. *micrantha*
R. *pachyptera*
R. *pilocarpa*
Sansevieria, die meisten Arten, darunter
S. *aethiopica*
S. *cylindrica*
S. *kirkii*
S. *raffillii*
S. *singularis*
S. *trifasciata*
S. *trifasciata* ›Hahnii‹
Stapelia, die meisten Arten, darunter
S. *acuminata*
S. *englerana*
S. *glanduliflora*
S. *longidens*
S. *longipes*
S. *schinzii*
S. *stultitioides*

Gemäßigte Klimate

Diese Pflanzen vertragen kurzzeitig Frost, sollten aber nicht unter 5 °C gehalten werden.

Aeonium arboreum
A. *arboreum* ›Atropurpureum‹
A. *haworthii*
Agave americana ›Variegata‹
A. *parryi*
A. *parviflora*
Aloe aristata
Aporocactus flagelliformis
Cereus hildmannianus v. *monstrose*
Delosperma, die meisten Arten, darunter
D. *ashtonii*
D. *cooperi*
D. *hallii*
D. *litorale*
D. *parviflorum*
D. *taylorii*
D. *tradescantioides*
Drosanthemum, die meisten Arten, darunter
D. *barwickii*
D. *bellum*
D. *bicolor*
D. *hallii*
D. *hispidum*
D. *speciosum*
D. *striatum*
D. *tuberculiferum*.
Echeveria elegans
Echinocereus, die meisten Arten, darunter
E. *cinerascens*
E. *engelmannii*
E. *reichenbachii*
E. *stramineus*
E. *triglochidiatus*
E. *viridiflorus*
Gasteria, die meisten Arten, darunter
G. *batesiana*
G. *liliputana*
G. *maculata*
G. *nigricans*
G. *obtusa*
G. *verrucosa*
Gibbaeum album
G. *petrense*
Haworthia attenuata
H. *coarctata* v. *adelaidensis*
H. *cymbiformis*
Lampranthus, die meisten Arten und Hybriden, darunter
L. *amoenus*
L. *aurantiacus*
L. *haworthii*
L. *roseus*
L. *spectabilis*
L. *stipulaceus*
Lewisia cotyledon und Hybriden
L. *tweedyi*

Kühle Klimate

Einige Arten vertragen Frost bis zu –15 °C, wenn sie trocken stehen und von einer schützenden Schneeschicht bedeckt sind.

Sedum, viele winterharte Arten, darunter
S. *acre*
S. *album*
S. *cauticolum*
S. *ewersii*
S. *kamtschaticum*
S. *spectabile*
S. *spurium*
Sempervivum, die meisten Arten und Hybriden, darunter
S. ›Alpha‹
S. ›Apollo‹
S. ›Bengal‹
S. ›Commander Hay‹
S. ›Darkie‹
S. *dolomiticum*
S. ›Fame‹
S. ›Grey Ghost‹
S. ›Hayling‹
S. *montanum*
S. ›Red Beauty‹
S. ›Silver Spring‹
S. *tectorum*
S. ›Wendy‹

PFLANZEN MIT UNTERSCHIEDLICHEN LICHTANSPRÜCHEN

Volle Sonne

Wüstenpflanzen, die zum Gedeihen trocken und vollsonnig stehen müssen.

Adenium, alle Arten
Agave, die meisten Arten, darunter
A. *americana*
A. *attenuata*
A. *ferox*
A. *filifera*
A. *horrida*
A. *lechuguilla*
A. *parrasana*
A. *parryi*
A. *striata*
A. *stricta*
A. *toumeyana*
A. *utahensis*
A. *xylonacantha*
Aloe dichotoma
A. *ferox*
Ariocarpus, alle Arten
Astrophytum, alle Arten
Carnegiea gigantea
Cephalocereus, alle Arten
Cleistocactus, alle Arten
Conophytum, alle Arten
Copiapoa, alle Arten
Coryphantha, alle Arten
Cyphostemma, alle Arten
Echinocactus, alle Arten
Echinocereus, die meisten Arten, darunter
E. *maritimus*
E. *nivosus*
E. *rigidissimus*
E. *triglochidiatus*
Echinopsis, die meisten Arten,

darunter
E. calochlora
E. ferox
E. formosa
E. huascha
E. mamillosa
E. oxygona
Espostoa, alle Arten
Euphorbia, die meisten kakteenartigen Spezies, darunter
E. candelabrum
E. cooperi
E. evansii
E. grandicornis
E. horrida
Ferocactus, die meisten Arten, darunter
F. alamosanus
F. cylindraceus
F. latispinus
Gibbaeum, alle Arten
Gymnocalycium baldianum
G. horstii
G. saglionis
Hoodia, alle Arten
Jatropha berlandieri
J. cordata
Lampranthus, alle Arten
Leuchtenbergia principis
Lithops, alle Arten
Mammillaria, die meisten Arten, darunter
M. bombycina
M. candida
M. geminispina
M. zeilmanniana
Matucana, alle Arten
Neoporteria, die meisten Arten, darunter
N. curvispina
N. islayensis
N. subgibbosa
Opuntia, die meisten Arten, darunter
O. invicta
O. leptocaulis
O. lindheimeri
O. neoargentina
O. tunicata
Oreocereus, alle Arten
Pachycereus, alle Arten
Pachypodium lamerei
P. namaquanum
Parodia, die meisten Arten, darunter
P. chrysacanthion
P. magnifica
P. penicillata
Pilosocereus, alle Arten
Rebutia, die meisten Arten, darunter
R. canigueralii
R. marsoneri
R. steinbachii
Sedum acre
S. frutescens
S. furfuraceum
Sempervivum, alle Arten und Hybriden
Senecio haworthii
Thelocactus, alle Arten

Trocken-schattig
Diese Wüstenpflanzen brauchen einen trockenen Standort und Streulicht.

Adromischus, die meisten Arten, darunter
A. festivus
A. hallii
A. maculatus
Aeonium, die meisten Arten, darunter
A. simsii
A. tabuliforme
Alloe antandroi
A. brevifolia
A. humilis
A. millotii
A. thompsonii
A. variegata
Caralluma socotrana
Ceropegia, die meisten Arten, darunter
C. africana
C. bulbosa
C. woodii
Cotyledon ladismithensis
Crassula, die meisten Arten, darunter
C. lactea
C. lycopodioides
C. schmidtii
Echeveria, die meisten Arten, darunter
E. carnicolor
E. ciliata
E. harmsii
E. setosa
Echinopsis chamaecereus f. *lutea*
Euphorbia decaryi
E. francoisii
E. neohumbertii und viele andere beblätterte Arten, darunter
E. cap-saintemariensis
E. didieroides
E. leuconeura
E. tuberculata
Gasteria, alle Arten
Graptopetalum bellum
x Graptoveria ›Debbi‹
Haworthia, die meisten Arten, darunter
H. attenuata
H. batesiana
H. cymbiformis
H. reinwardtii
H. translucens
Huernia, die meisten Arten, darunter
H. hystrix
H. macrocarpa
H. pillansii
Kalanchoe,die meisten Arten, darunter
K. blossfeldiana
K. manginii
K. porphyrocalyx
K. pumila
K. schumacheri
Monadenium guentheri
M. rhizophorum v. *stoloniferum*
Pedilanthus tithymaloides
Sansevieria trifasciata ›Laurentii‹
Sedum morganianum
Senecio rowleyanus
Stapelia, die meisten Arten, darunter
S. gettleffii
S. schinzii
S. trifida
S. variegata

Feucht-schattig
Urwaldspezies brauchen Schatten und hohe Luftfeuchtigkeit.

Aporococtus flagelliformis
x *Aporophyllum*, die meisten Hybriden, darunter
x A. ›Dawn‹
x A. ›Gigantea‹
x A. ›Sussex Flame‹
x A. ›Vivide‹
Disocactus, alle Arten
Epiphyllum, alle Arten und Hybriden
Heliocereus, alle Arten
Hylocereus, alle Arten
Rhipsalis, alle Arten
Schlumbergera, alle Arten und Hybriden
Selenicereus, alle Arten

PFLANZEN AUS SAMEN
Hybride und Zuchtformen bringen aus Samen keine ähnlichen Nachkommen hervor.

Aloe, die meisten Arten, darunter
A. ferox
A. tenuior
A. variegata
Aloinopsis, alle Arten
Astrophytum ornatum
Carpobrotus, alle Arten
Cephalophyllum subulatoides
Cereus, alle Arten
Cheiridopsis candidissima
C. pillansii
C. purpurata
Echinocactus grusonii
Echinocereus cinerascens
E. engelmannii
E. pectinatus
E. pentalophus
E. reichenbachii
E. scheeri
Echinopsis ancistrophora
E. backebergii
E. eyriesii
E. huascha
E. oxygona
E. thelegona
Faucaria, alle Arten
Ferocactus, alle Arten
Glottiphyllum, alle Arten
Gymnocalycium, die meisten Arten, darunter
G. baldianum
G. gibbosum
G. quehlianum
Lampranthus, alle Arten
Mammillaria, die meisten Arten, darunter
M. albilanata
M. bocasana
M. discolor
M. duoformis
M. elongata
M. magnimamma
M. microhelia
M. prolifera
M. rhodantha
M. zeilmanniana
Matucana aureiflora
M. intertexta
Neoporteria chilensis
N. jussieui
N. villosa
Oreocereus celsianus
O. trollii
Parodia crassigibba
P. horstii
P. magnifica
P. ottonis
Pilosocereus azureus
P. magnificus
Rebutia, die meisten Arten, darunter
R. aureiflora
R. marsoneri
R. minuscula
Stenocactus, alle Arten
Thelocactus bicolor
T. setispinus

PFLANZEN AUS STECKLINGEN
Eine Methode, mit der man aus Hybriden und Zuchtformen identische Nachkommen ziehen kann.

Triebstecklinge
Zu verwenden bei vielen strauchigen Sukkulenten.
Aeonium, alle Arten
Aloe, die meisten verzweigenden Arten, darunter
A. arborescens
A. kedongensis
A. jacksonii
Ceropegia, die meisten Arten, darunter
Caralluma, alle Arten
C. dichotoma
C. sandersonii
Cotyledon ladismithensis
C. orbiculata
C. undulata
Crassula, die meisten Arten, darunter
C. falcata
C. ovata
Duvalia, alle Arten
Echeveria, alle Arten
Echinopsis, alle Arten
Euphorbia, die meisten Arten, darunter
E. flanaganii
E. mammillaris
E. pentagona
E. triangularis
Graptopetalum, alle Arten
Hoya, alle Arten
Huernia, alle Arten
Kalanchoe, die meisten Arten, darunter
K. beharensis
K. eriophylla
K. tomentosa
Lampranthus, alle Arten
Monadenium, alle Arten
Senecio, die meisten Arten, darunter
S. aizoides
S. coccineiflorus
S. haworthii
Stapelia, alle Arten
Trichodiadema, alle Arten

Stecklinge aus Triebabschnitten
Hierfür eignen sich alle epiphytischen Kakteen und Hybriden sowie einige säulenförmige Kakteen.

Aporocactus, alle Arten
x *Aporophyllum*, alle Hybriden
Cereus, alle Arten
Cleistocactus baumannii
C. hildegardiae
C. icosagonus
C. samaipatanus
C. winteri
Corryocactus, alle Arten
Disocactus, alle Arten
Echinopsis bridgesii
E. pachanoi
E. spachiana
Epiphyllum Arten und Hybriden
Hatiora, alle Arten

Heliocereus, alle Arten
Hylocereus, alle Arten
Lepismium, alle Arten
Opuntia, alle Arten
Pereskia aculeata
P. bleo
P. grandifolia
Pereskiopsis diguetii
P. rotundifolia
Quiabentia verticillata
Rhipsalis, alle Arten
Samaipaticereus corroanus
Schlumbergera, alle Hybriden
Selenicereus, alle Arten
Tacinga funalis
Weberbauerocereus, alle Arten

Blattstecklinge
Blattsukkulenten sind hierfür besonders geeignet.

Adromischus, alle Arten
Cotyledon jacobseniana
C. ladismithensis
C. orbiculata
C. tomentosa
C. undulata
Crassula, viele Arten, darunter
C. anomala
C. fragilis
C. lactea
C. liebuschiana
C. macowaniana
C. mesembryanthoides
C. ›Morgan's Beauty‹
C. nealeana
C. perforata
C. rogersii
C. rupestris
C. schmidtii
C. socialis
C. susannae
C. tecta
C. watermeyeri
Echeveria, viele Arten, darunter
E. affinis
E. agavoides
E. amoena
E. carnicolor
E. ciliata
E. derenbergii
E. goldmanii
E. nodulosa
E. pulvinata
E. rosea
E. shaviana
E. tenuis
Graptopetalum, alle Arten
Kalanchoe, viele Arten, darunter
K. beauverdii
K. daigremontiana
K. eriophylla
K. figueiredoi
K. manginii
K. marmorata
K. orgyalis
K. pinnata
K. rhombopilosa
K. rosei
K. thyrsiflora
K. tomentosa
K. tubiflora
Pachyphytum, alle Arten
Sedum, viele Arten, darunter
S. adolphii
S. album
S. anglicum
S. comixtum
S. hintonii
S. nussbaumeranum
S. pachyphyllum
S. palmeri
S. rubrotinctum
S. rubrum
S. stahlii

VERMEHRUNG DURCH TEILUNG
Die Methode bringt gute Ergebnisse, ergibt aber nur wenige neue Pflanzen.

Klumpenbildende Pflanzen, die Ableger hervorbringen
Aloe albiflora
A. bakeri
A. bellatula
A. brevifolia
A. humilis
A. jucunda
A. millotii
A. parvula
A. rabaiensis
A. rauhii
A. thompsonii
A. variegata
Crassula corallina
C. lycopodioides
C. marginalis
C. marnierana
C. multicava
C. perforata
C. schmidtii
C. socialis
C. teres
Echeveria agavoides
E. amoena
E. ciliata
E. derenbergii
E. elegans
E. glauca
E. runyonii
E. setosa
E. tenuis
E. ›Zahnii‹
Gasteria, die meisten Arten, darunter
G. acinacifolia
G. armstrongii
G. batesiana
G. caespitosa
G. liliputana
G. maculata
G. marmorata
G. minima
G. obtusa
G. verrucosa
G. zeyheri
Haworthia, die meisten Arten, darunter
H. arachnoidea
H. attenuata
H. batesiana
H. coarctata
H. cooperi
H. cuspidata
H. glauca
H. herbacea
H. limifolia
H. reinwardtii
H. retusa
H. tessellata
Sedum acre
S. dasyphyllum
S. hirsutum
S. humifusum
S. kamtschaticum
S. lydium
S. maximowiczii
S. spurium

Pflanzen mit Wurzelknollen, die Ableger bilden
Begonia incana
B. natalensis
B. shepherdii
Brachystelma, die meisten Arten, darunter
B. barberae
B. cathcartense
B. coddii
B. foetidum
B. modestum
B. stellatum
Calibanus hookeri
Senecio coccineiflorus
S. acaulis
S. fulgens
S. orbicularis
S. oxyriifolius
S. tropaeolifolius
S. vallyi

Pflanzen, deren Wurzelstock geteilt wird
Sansevieria, alle Arten und Zuchtformen, darunter
S. cylindrica
S. grandis
S. parva
S. trifasciata ›Hahnii‹
S. thyrsiflora
Sedum, viele Arten, darunter
S. anacampseros
S. cauticolum
S. ewersii
S. sieboldii
S. spectabile
S. tatarinowii
S. telephium

PFLANZEN ZUM PFROPFEN
Speziell für langsam wachsende oder wärmeliebende Kakteen geeignet. Bei Sukkulenten die unten stehenden Pfröpflinge nur auf Unterlagen derselben Gruppe pfropfen.

Flache Pfropfung
Kakteenunterlagen
Cleistocactus samaipatanus
C. winteri
Echinopsis, viele Arten, darunter
E. eyriesii
E. oxygona
E. pachanoi
E. spachiana
E. scopulicola
E. thelegona
Hylocereus trigonus
H. undatus
Myrtillocactus geometrizans
Opuntia, viele Arten, darunter
O. cochenillifera
O. cylindrica
O. ficus-indica
O. robusta
Pereskiopsis diguetii (für kleine Sämlinge)

Kakteenpfröpflinge
Alle Arten oder Hybriden, deren Durchmesser gleich oder größer als ihre Höhe ist, darunter
Ariocarpus, alle Arten
Discocactus, alle Arten
Melocactus, alle Arten
Pediocactus, alle Arten

Sukkulente Unterlagen
Gruppe 1
Euphorbia, viele Arten, darunter
E. canariensis
E. candelabrum
E. mammillaris
E. resinifera
E. submammillaris
Gruppe 2
Ceropegia woodii (Knollen)
Stapelia grandiflora
Gruppe 3
Pachypodium lamerei
Nerium oleander

Sukkulente Pfröpflinge
Gruppe 1
Euphorbia, alle Arten
Gruppe 2
Brachystelma, alle Arten
Caralluma, alle Arten
Ceropegia, alle Arten
Hoodia, alle Arten
Huernia, alle Arten
Stapelia, alle Arten
Trichocaulon, alle Arten
Gruppe 3
Adenium, alle Arten
Pachypodium, alle Arten
Plumeria, alle Arten

Spalt- und Seitenpfropfung
Nur bei sehr schlanken, flachtriebigen oder säuligen Kakteen anwenden.

Kakteenunterlagen
Cleistocactus samaipatanus
C. winteri
Harrisia ›Jusbertii‹
Heliocereus speciosus
Selenicereus, alle Arten

Kakteenpfröpflinge
Schlanktriebige Kakteen und Sämlinge, darunter
Ariocarpus Sämlinge
Austrocactus, alle Arten
Echinocereus leucanthus
E. schmollii
Echinopsis chamaecereus
E. chamaecereus f. *lutea*
Peniocereus, alle Arten

Epiphytische Kakteenunterlagen
Epiphyllum, mit dicken, dreikantigen Trieben
Heliocereus speciosus
Hylocereus, alle Arten
Selenicereus, alle Arten

Epiphytische Kakteenpfröpflinge
Aporocactus, x *Aporophyllum*, und *Schlumbergera*, alle langtriebigen Arten für normale hängende Pflanzen
Hatiora, alle Arten

Sukkulente Unterlagen
Gruppe 1
Adenia globosa
Gruppe 2
Portulacaria afra

Sukkulente Pfröpflinge
Gruppe 1
Adenia, alle Arten
Gruppe 2
Ceraria, alle Arten

GLOSSAR

ABDECKMATERIAL Schwereres, fein- bis grobkörniges Material wie Steingrus oder Splitt, meist dekorativ, das um die Pflanze herum auf die Substratoberfläche aufgebracht wird, die Drainage fördert und die Verdunstung verringert.
ABLEGER Basal- oder Seitensproß, der zur Vermehrung verwendet werden kann.
ABSTERBEN Durch Schäden oder Krankheit bedingtes fortschreitendes Einstellen der Lebensfunktionen von der Triebspitze her.
ANNULUS Ringwulst um das Zentrum einer Sukkulentenblüte.
ANTHEREN (Staubbeutel). Teil der Staubblätter, der Pollen bildet, meist auf Staubfäden.
AREOLE Sogenannte Dornenpolster der Kakteen; gestauchte Achselknospen (Vegetationspunkte), denen Dornen, Blätter, Seitentriebe und Blüten entspringen.
ART (Spezies). Systematische Einheit unterhalb der Gattung, deren Individuen in allen wesentlichen Merkmalen übereinstimmen.
AUSGEIZEN Entfernen von Nebentrieben oder Blättern zur Verbesserung der Blüten- oder Fruchtbildung.
BESTÄUBUNG Übertragung der Pollen vom Staubbeutel auf die Narbe (Stigma) derselben oder einer anderen Pflanze entweder natürlich durch Schwerkraft, Wind, Vögel, Fledermäuse oder Insekten, oder in Kultur von Hand.
BLATTSTECKLING Steckling aus einem einzelnen Blatt.
BLÜTE Teil bzw. Organ einer Pflanze.
BRUTPFLÄNZCHEN (Jungpflanzen). Junges Pflänzchen, das meist verletzten Trieben oder Blättern entspringt oder sich natürlich am Blattrand bildet, z. B. bei manchen *Kalanchoe*.
CAUDEX Verdicktes Speicherorgan einer sukkulenten oder holzigen Pflanze, meist aus Wurzel und Sproß.
CAUDICIFORM 1. Einen Caudex besitzend. 2. Mit verdicktem Sproß.
CEPHALIUM Behaarte Zone am Sproß (meist Scheitel), in der Blüten und Frucht erscheinen. Kommt nur bei den Arten der Gattung *Discocactus* und *Melocactus* vor.
CHLOROPHYLL (Blattgrün) Grüner Farbstoff in Blättern und Trieben, der für die Photosynthese benötigt wird.
DECKBLATT Auch Tragblatt. Umgebildetes Blatt an der Basis einer Blüte oder eines Blütenstands; dient häufig dem Schutz der Blüte. Deckblätter können ähnlich den normalen Blättern sein, klein oder schuppenartig, oder auch groß, kräftig gefärbt und an Kronblätter erinnernd.
DORNEN Umgeformte Blätter; können nadelförmig, mit Widerhaken, gebogen, haarartig oder borstig sein.
EINJÄHRIGE 1. Pflanzen von einjähriger Lebensdauer (bezogen auf das oberirdische Wachstum). 2. Eine Pflanze, die aus Samen entsteht, Blüten und Samen ausbildet und dann in derselben Vegetationszeit stirbt.
ENDSTÄNDIG Am Ende, an der Spitze eines Triebs befindlich, z. B. Knospe, Rosette oder Blüte.
EPIPHYTEN Pflanzen, die an oder auf anderen Pflanzen wachsen, aber nicht parasitär sind. Nehmen Feuchtigkeit und Nährstoffe aus der Luft, nicht aus dem Boden auf.
FAMILIE Gruppe verwandter Gattungen. So umfaßt die Familie der *Cactaceae* rund 140 Gattungen.
FASERWURZELN Feine, dicht verzweigte Wurzeln, die Feuchtigkeit und Nährstoffe aus dem Boden aufnehmen.
FENSTER Klares, wasserspeicherndes Gewebe am oberen Ende abgeflachter Sukkulentenblätter. Das durch sie einfallende Licht wird gebrochen, um das Chlorophyll im Pflanzenkörper zu schützen.
FLACHE PFROPFUNG Siehe Pfropfung.
FORM Pflanze mit von der Art leicht abweichendem Äußeren.
FREMDBESTÄUBUNG (Kreuzbefruchtung). Siehe Bestäubung.
FRUCHTKNOTEN Der aus den Fruchtblättern gebildete, geschlossene Hohlraum, in dem die Samenanlagen eingeschlossen sind.
GATTUNG (Genus). Systematische Einheit zwischen Familie und Art, in der Arten mit mehreren gemeinsamen Merkmalen zusammengefaßt werden.
GATTUNGSBASTARD Siehe Hybride.
GRIFFEL Der Teil des Stempels zwischen Narbe und Fruchtknoten.
HOCHSTAMM Baumartige Pflanze, die durch Pfropfen einer herabhängenden Art, z. B. *Schlumbergera*, auf eine hohe oder säulige Spezies gezogen wird.
HYBRIDE (Bastard). Durch Kreuzung zweier Arten einer Gattung oder zweier nah verwandter Gattungen (Gattungsbastard) entstandenes Individuum.
HYBRIDISIERUNG Natürliche oder künstliche Erzeugung einer Hybride durch Fremdbestäubung (siehe Bestäubung).
KALLUS Schützendes Gewebe, das sich über Wunden und Schnittflächen bildet.
KNOLLE Verdicktes, meist unterirdisches, für die Ruhephase wichtiges Speicherorgan, das aus Sproß- oder Wurzelabschnitten hervorgeht.
KÖRBCHEN Blüte aus vielen Einzelblüten, die von einem gemeinsamen Hüllkelch umgeben sind.
KORK Meist braunes, oberflächlich liegendes Schutzgewebe der pflanzlichen Rinde.
LATEX Milchig-weißer Saft, der bei einigen Sukkulenten wie *Euphorbia* nach Beschädigung des Gewebes austritt.
LEHM Durch Eisenverbindungen gelb bis braun gefärbter, kalkarmer, sandhaltiger Ton mit gutem Wasserhaltevermögen und Durchlässigkeit.
LUFTWURZELN Oberirdisch aus der Sproßachse entspringende Wurzeln; dienen der Anheftung und bei *Epiphyten* auch der Aufnahme von Feuchtigkeit und Nährstoffen.
MEHRJÄHRIGE Nach mehreren Jahren zur Blüte und Fruchtreife gelangende Pflanzen.
NARBE (Stigma). Am oberen Ende des weiblichen Blütenteils sitzendes Aufnahmeorgan für den Pollen.
PFAHLWURZEL Verdickte, senkrecht in den Boden wachsende Hauptwurzel einer Pflanze.
PFROPFREIS (Pfröpfling). Trieb oder Knospe einer Art, der zwecks Vermehrung mit der Unterlage einer anderen Pflanze verbunden wird.
PFROPFUNG Methode der künstlichen Vermehrung, bei der unterschiedliche Teile zweier nah verwandter Pflanzen eng miteinander verbunden werden. Das Pfropfreis von der einen wird auf die Unterlage der anderen Pflanze gepfropft, mit der es zusammenwächst. Man unterscheidet Flache Pfropfung, Spaltpfropfung und Seitenpfropfung.
pH-WERT Zahl, die angibt, wie stark eine Lösung oder der Boden basisch oder sauer ist; bei pH 7 neutral, darunter sauer, darüber basisch. Kakteen bevorzugen leicht sauren Boden.
PHOTOSYNTHESE Die mit Hilfe von Sonnenlicht und dem Blattgrün (Chlorophyll) vor sich gehende Assimilation des Kohlendioxids der Luft zur Nährstoffbildung.
PSEUDOCEPHALIUM (Scheincephalium). Dem Cephalium vergleichbare behaarte Zone am Sproß (meist Scheitel) säuliger Kakteen.
RIPPE Gratförmige, meist senkrecht verlaufende Erhebung am Kakteensproß.
ROSETTE Sternförmig angeordnete, grundständige, meist dicht stehende Blätter einer Pflanze.
RUHEPHASE Vorübergehendes Einstellen des aktiven Wachstums und Verlangsamung anderer Funktionen, meist im Winter, bei Trockenheit oder großer Hitze bzw. Kälte. Einige Sukkulenten können dennoch Blüten hervorbringen.
SAATKISTE Meist beheizbare, kleine Kiste mit abnehmbarem Deckel aus Glas oder Kunststoff. Bei der Sämlings- oder Stecklingsaufzucht verwendet, um für die geeignete Luftfeuchtigkeit zu sorgen.
SAFTAUSTRITT Austreten von Pflanzensaft oder Latex aus beschädigtem Gewebe.
SAMENKAPSEL Trockene Frucht, die sich bei Reife öffnet, um den Samen zu entlassen.
SCHIEFSAUMIGE BLÜTEN (zygomorphe Blüten). Blüten, die sich nur durch eine Symmetrieebene in spiegelbildliche Hälften zerlegen lassen.
SEITENPFROPFUNG Siehe Pfropfung.
SPALTPFROPFUNG Siehe Pfropfung.
STAUBBLÄTTER Männliche Fortpflanzungsorgane der Blüte; besteht aus Staubbeuteln und den sie tragenden Staubfäden.

STAUBFÄDEN Faden- oder stabförmiges Organ, das die Staubbeutel trägt; bilden gemeinsam die Staubblätter.
STECKLING Abgeschnittener oder abgelöster Teil einer Pflanze, meist von Blatt oder Trieb (auch ganzes Blatt), der zur Vermehrung verwendet wird.
SUKKULENTEN Pflanzen, deren fleischige Blätter und/oder Triebe zu Speicherorganen ausgebildet sind. Dazu zählen alle Kakteen.
TEILUNG Vermehrungsmethode, bei der die Pflanze oder Pflanzengruppe so aufgeteilt wird, daß jeder Teil eigene Wurzeln und einen Vegetationspunkt hat.
TREIBEN Im Treib- oder Gewächshaus unter besonderen Bedingungen züchten oder heranziehen, um Austrieb und Blüte außerhalb der natürlichen Phasen anzuregen.
TRIEBSTECKLING Steckling, der von einem Trieb bzw. Triebabschnitt genommen wird.
UMFALLKRANKHEIT Rasches Verkümmern, Zersetzen und Umfallen von Sämlingen durch Pilzbefall im Bodenbereich.
VARIETÄT Pflanze mit von der Art leicht abweichendem Bau, oft mit deutlich verschiedenem Äußeren.
VEGETATIONSPUNKT (Wachstumspunkt). Sproßspitze, von der neues Wachstum ausgeht.
VERGEILEN Abnormer, oft blasser Wuchs, hervorgerufen durch Lichtmangel, falsches Düngen oder zu dichte Pflanzung.
WARZE (Mamille). Durch Teilung der Rippen ausgeformte kleine Erhebungen auf dem Kakteensproß.
WINTERHART Ganzjährig ohne Schutz frostunempfindlich, häufig mit Temperaturangaben definiert (zum Beispiel –15 Grad Celsius).
WIRTEL (Quirl). In einem Knoten büschelartig stehende, demselben Punkt entspringende Pflanzenteile (Blatt-, Zweigquirl).
WURZELBALLEN Klumpen aus Wurzelsystem und Substrat, der sichtbar wird, wenn eine Pflanze aus dem Beet oder Topf genommen wird.
WURZELSTOCK (Rhizom). Ausdauernder, unterirdisch oder dicht unter der Bodenoberfläche wachsender Sproßteil, von dem nach unten die eigentlichen Wurzeln ausgehen.
ZUCHTSORTE Eine Zuchtsorte ist ein Abkömmling einer Art und wird durch Selektion in Kultur gezüchtet.

Adressen

Kakteengärtnereien

Kakteengärtnerei Helmut Matk
John-Locke-Straße 36/40
12305 Berlin

Kakteengärtnerei Klein-Mexico
Heckkathen 2
23858 Reinfeld/Holstein

Kakteenversand Metzing
Alter Landweg 6
25779 Süderheistedt

Dr. Norbert Steffen
Nöckersberg 66b
45257 Essen

EXOTICA (Sukkulenten)
Am Kloster 8
41812 Erkelenz-Golkrath

Adolf Aigner
In der Sandgathe 27
46117 Oberhausen 12

Kriechel Kakteen
Heinrich-Heine-Straße 16
56743 Mendig am Laacher See

Kakteengärtnerei Leni Nordmann
Landwehrstraße 124
59368 Werne

Dieter Andreae Kakteenkulturen
Heringer Weg, Postfach 3
64851 Otzberg-Lengfeld

Uhlig Kakteen
Hegnacher Straße
71394 Kernen i. R. (früher Rommelshausen)

Kakteenzentrale Wessner
Postfach 1110
76457 Muggensturm

Albert Plapp
Drosselweg 5
84178 Jesendorf

Kakteengärtnerei Max Schleipfer
Sedelweg 71
86356 Neusäß b. Augsburg

Richard Bauer
Silling 8
94565 Rathmannsdorf

Bleicher-Kakteen
Mühlweg 9
97525 Schwebheim

Kakteen-Haage
Blumenstraße 68,
99092 Erfurt

Klagenfurter Kakteenland
Spitalbergweg 27
A-9020 Klagenfurt

Hoffmann
Weininger Str. 31
CH-8103 Unterengstringen
bei Zürich

Franz Noltee
Rotterdamseweg 88
NL-3332 AK Zwijndrecht

Samenhandlungen

Rainer Pillar
Klaus-Stürmer-Straße 13
49078 Osnabrück

Gerhard Köhres
Wingerstraße 33
64387 Darmstadt-Erzhausen

D. & V. Rowland
200 Spring Road, Kempston,
GB-Bedford MK42 8ND

Gesellschaften

Deutsche Kakteen-Gesellschaft e. V.
Betzenriedweg 44
72800 Eningen unter Achalm

Gesellschaft Österreichischer Kakteenfreunde
Lazarettgasse 79
A-2700 Wiener Neustadt

Schweizerische Kakteengesellschaft
Alte Dübendorfer Straße 12
CH-8305 Dietlikon

Organisation zum Schutz bedrohter Sukkulenten
Moosangerstraße 19
CH-9443 Widnau

Buchhandlungen

Buchhandlung Ziegan
Potsdamer Straße 180
10783 Berlin

Fachhandel für Kakteen und Orchideen

Jörg Köpper
Lockfinke 7
42111 Wuppertal

Versandbuchhandel und Antiquariat

Flora-Buchhandel
Postfach 1110
79811 Titisee-Neustadt

Fachbücher für Kakteen und sonstige Pflanzen

Bücher

Richard Wolf:
International Shopping Guide Cacti/Succulents 1992/3

Bezugsadresse:

Richard Wolf
Steubenstraße 33
63225 Langen

Curt Backeberg:
Die Cactaceae – Handbuch der Kakteenkunde.
G. Fischer Verlag, 6 Bde.

REGISTER

Die **fett** gedruckten Seitenzahlen beziehen sich auf Einträge im Pflanzenkatalog; *kursive* Seitenzahlen beziehen sich auf Abbildungen in den anderen Abschnitten.
Für Synonyme oder frühere Pflanzennamen von Pflanzen im Pflanzenkatalog gibt es Querverweise auf die botanischen Namen. Ebenfalls aufgeführt sind frühere Namen von Gattungen, die zu im Pflanzenkatalog genannten Gattungen zusammengeführt wurden.

A

B

C

D

E

L

M

N

O

P, Q

R

S

T

U

V

W

X, Y, Z

DANKSAGUNGEN

WEITERE AUTOREN

Claire Calman (S. 38–45)
Keith Grantham (S. 20–25)

DANKSAGUNG DES AUTORS

Ich möchte allen Menschen danken, die über die Jahre ihre Liebe zu Sukkulenten und Kakteen mit mir geteilt haben. Ihre Großzügigkeit, Hilfe und ihr Wissen haben meine Freude an diesem Hobby noch vergrößert. Auch möchte ich meiner Familie für ihre Geduld danken, denn das Arbeiten im Gewächshaus war natürlich immer wichtiger als Tätigkeiten in Haushalt und Garten. Schließlich und endlich Dank an den Verlag Dorling Kindersley, für die Möglichkeit, hier eine Auswahl dieser interessanten und farbenfrohen Pflanzen vorstellen zu können. Seine Fotografen, Lektoren und Designer haben ein wundervolles Buch daraus gemacht.

DORLING KINDERSLEY dankt Claire Calman, Joanna Chisholm, Serena Dilnot, Shona Grimbly, Elisabeth Haldane und Jackie Matthews für das Lektorat; Isobel Maclean für das Register; Kate Sarluis für Layout Assistenz; Diana Morris und Christine Rista für die Bildbeschaffung; Chris Anderson, Helga Lien Evans, Helen Gatward, Tanya Hines, Teresa Pritlove und Thomas Read generell für ihre Hilfe; Emma Hutton, Joanna Figg-Latham, Karen Mackley und Debbie Rhodes für DTP; Miles Anderson, Trevor Cole, C.W.E. und S.N. Harland, David Hunt, Peter T. Mitchell und Gordon Rowley für Gartenbau Hinweise und für geliehene Pflanzen: Miles Anderson von Bach's Cactus Nursery in Tucson, The Chelsea Gardener, Chuck Hansen von Arid Lands in Tucson, Jane Evans und Gene Joseph von Plants for the Southwest in Tucson und World's End Nurseries; für Fachhinweise: Brats, The Chelsea Gardener, Classic Pot Emporium, Clifton Nurseries, Covent Garden General Store, Fulham Palace Garden Centre, Grahame and Green, The Hungry Cowboy, London Graphics, Macondo South American Crafts, Marston & Langinger Showroom, Robert Dyas Hardware, Santa Fe Trading Post, Fiona Barkham at Suttons Seeds, und World's End Nurseries; Maria D'Orsi und Diana Mitchell für die Requisiten; Juliet Payne, Chris Pietrzak und Merelina Dynoe White für den Transport der Pflanzen und Requisiten.

FOTONACHWEIS

o = oben m = mitte u = unten;
l =links; r = rechts

Alle Fotos sind von Peter Anderson außer: Arcaid, Richard Bryant 42–43; Prof. W. Barthlott 14om; The Bodleian Library, Oxford 22or; Bridgeman Art Library, London / Collection Georg Schäfer, Schweinfurt 23or; Bruce Coleman Limited, John Cancalosi 17or, Eric Crichton 23ul, Hans Reinhard 16–17; Elizabeth Whiting & Associates / Tim Street-Porter 44–45; ET Archive Museum of Mankind 25mr; Roger Ferryman 20ul; The Garden Picture Library, Linda Burgess 40um, Ron Sutherland 42ul; Steve Gorton (DK Studio) 12or, 24ol, 46–47, 75or, 78–79, 81ul, 93ul, 95ol, 95um, 117or, 119om, 146–147, 148–149, 150–151, 152–153, 156ul, 156ur, 159ur; Keith Grantham 12m, 18ml, 20mm, 21om, 21mm, 25om; Jerry Harpur 44ul; Harry Smith Horticultural Collection 97um, 97or, 97ur 120um, 128ur, 135or, 139ul, 161ml; Terry Hewitt 72ul, 97ul, 98or; *Houses and Interiors* 40or; Hunt Institute for Botanical Documentation 21om; Dave King 4ur, 5, 28–29, 30–31, 32–33, 38–39, 48–49, 50–51; The Mansell Collection 20ol, 22ul; Susie Moore 16ml; Terence Moore 14u, 25ul; Nature Photographers / Paul Sterry 14–15; Clive Nichols 42oc; Jerry Pavia 44om; Photos Horticultural / Michael Warren 97um; Planet Earth Pictures / J. Provenza 18–19; Robert Harding Picture Library, James Merrell, IPC Magazines 1992 41.

ILLUSTRATIONEN David Ashby und Amy Lewis für die Arbeit am Pflanzen-Katalog; Karen Cochrane für die Karte auf Seite 20–21 und das Diagramm auf Seite 150.